应用型本科计算机类专业系列教材
应用型高校计算机学科建设专家委员会组织编写

C++程序设计案例驱动实用教程

主　编　石鲁生　梁凤兰
副主编　郑步芹　杨玉环　杨平乐
王梦晓　顾金媛　圣文顺

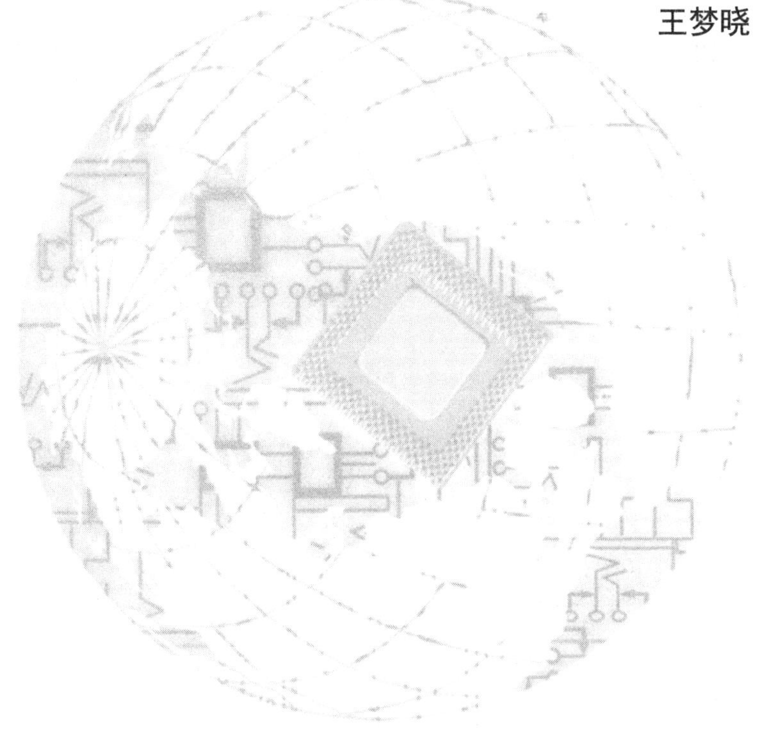

南京大学出版社

内容简介

本书针对面向对象程序设计的初学者，以面向对象的程序设计思想为主线，以通俗易懂的方法介绍典型的面向对象程序设计语言C++语言的语法以及应用，将人们习惯的面向对象的思维方法运用到程序设计之中，全书以案例驱动的思路加以编排，由浅入深，循序渐进。本书将各种理论知识通过实用案例程序加以消化，所有案例程序均提供运行时的输入、输出示例截图，直观明了。

本书主要内容包括C++程序设计的基础知识、类与对象的基本概念和应用、继承与多态的基本概念和应用。本书以 Visual C++6.0 作为调试程序的主要环境，所选实用案例与理论知识相辅相成，每个案例均已经过调试，可以正确运行。

本书概念清晰，案例丰富，通俗易懂，方便学习，可以作为应用型本科高校信息类专业学生学习C++面向对象程序设计的基础教材；也适合C++语言的初学者自学，即使没有教师讲授，也可以读懂教材中的内容；对于参加全国计算机等级考试(二级C++)的学生也具有一定的参考价值。

图书在版编目(CIP)数据

C++程序设计案例驱动实用教程/石鲁生，梁凤兰主编.—南京：南京大学出版社，2020.7(2022.8 重印)

应用型本科计算机类专业系列教材

ISBN 978-7-305-23532-0

Ⅰ. ①C… Ⅱ. ①石… ②梁… Ⅲ. ①C++语言—程序设计—高等学校—教材 Ⅳ. ①TP312.8

中国版本图书馆 CIP 数据核字(2020)第 114455 号

出版发行 南京大学出版社
社　　址 南京市汉口路 22 号　　邮　编 210093
出 版 人 金鑫荣

书　　名 C++程序设计案例驱动实用教程
主　　编 石鲁生　梁凤兰
责任编辑 吕家慧　钱梦菊　　编辑热线 025-83592655

照　　排 南京开卷文化传媒有限公司
印　　刷 常州市武进第三印刷有限公司
开　　本 787×1092　1/16　印张 12.75　字数 350 千
版　　次 2020 年 7 月第 1 版　2022 年 8 月第 2 次印刷
ISBN 978-7-305-23532-0
定　　价 34.80 元

网　　址：http://www.njupco.com
官方微博：http://weibo.com/njupco
官方微信号：NJUyuexue
销售咨询热线：(025)83594756

前　言

C++语言是目前使用最为广泛的程序设计语言之一，也是培养面向对象程序设计能力的最佳语言之一。C++语言功能丰富、使用方便，程序生成代码质量高、程序执行效率高，可移植性好。C++程序设计课程是计算机类本科专业一门重要的专业必修课程，也是不少相关本科专业学生学习计算机编程常选的一门专业选修课程，本书以阐述面向对象程序设计方法为中心，结合 Visual C++6.0集成开发环境中面向对象程序设计实践，逐步揭示面向对象程序设计的本质特性。作者在编写此书时充分考虑学习者的特征，力求合理地编排体系和内容，全面系统介绍C++语言的语法知识和面向对象程序设计的基本方法与基本技巧。通过本书的学习，学生可以掌握C++语言中常用的概念、术语以及面向对象程序设计的特点，即封装性、继承和派生性、多态性等，掌握基本的面向对象程序设计方法和技能，并且不断将编程实践应用于真实系统开发之中。

本书中每章都精选了大量经典实用案例，帮助读者理解与掌握C++语言的语法及应用，同时每章均配有一定数量的习题及答案，方便读者通过练习对每章的重要知识点加以巩固，不断提高实际编程能力。全书最后一章为综合案例，安排了学生成绩管理系统、通信录管理系统和学生选课系统三个综合实用案例。学生成绩管理系统给出了详细的案例设计流程和源程序代码，重点介绍了利用面向对象的知识封装链表操作，从而完成管理系统中增、删、改、查等各项操作的方法。通信录管理系统和学生选课系统给出了功能设计、完整的源程序代码以及详细注释。通过这些案例训练，可以帮助学生全面掌握C++程序设计的主要内容，深化对理论知识的理解，进一步熟悉面向对象的程序设计方法，着力培养、锻炼学生灵活运用所学知识分析与解决实际问题的能力。

本书由石鲁生和梁凤兰担任主编，并负责全书的整体策划及统稿，编写组成员有郑步芹、杨玉环、杨平乐、王梦晓、顾金媛、圣文顺等。全书内容建议安排64学时，其中理论授课48学时，上机实验16学时。完成本书全部学习内容后，可安排1～2周的课程设计，由学生利用C++语言，按照面向对象程序设计思想，独立完成一个小型应用系统的设计与开发，以巩固和提高课程学习效果，提升学生实践动手能力。

由于编者水平和经验所限，书中可能还存在一些不足和错误，恳请广大读者批评指正。

编　者

2020年4月于宿迁学院

目　录

第1章

C++基础

1.1 C++的输入与输出

与C语言一样，输入和输出并不是C++语言的正式组成部分，C++语言本身没有为输入和输出提供专门的语句结构。所以输入和输出不是由C++语言本身定义的，而是定义在编译系统提供的I/O库中。C++语言的输入和输出采用“流(stream)”的方式，即通过调用流对象cin和cout来实现。

有关流对象cin、cout和流运算符的定义等信息均存放在C++语言的输入和输出流库中，因此如果在程序中需要使用cin、cout和流运算符，就必须使用预处理命令中的文件包含命令将头文件iostream(.h)包含到本程序文件中，如：

```
#include <iostream>
```

输入和输出流的基本操作主要由cout语句和cin语句实现。

cout语句的一般格式为：

```
cout <<表达式1 <<表达式2 <<……<<表达式n;
```

其中“<<”称为流插入运算符，C++编译器能够根据输出表达式的数据类型，自动选择整型、字符型、浮点型、字符串、指针等合适的类型来显示输出。

cin语句的一般格式为：

```
cin >>变量1 >>变量2 >>……>>变量n;
```

其中“>>”称为流提取运算符，C++编译器能够根据输入值的数据类型，自动选择整型、字符型、浮点型、字符串、指针等合适的类型来提取输入值，并把它存储在指定的变量中。注意与C语言不同这里输入时不需要在变量名前加“&”符号。

1.2 引用

1.2.1 引用的含义

对一个数据可以使用“引用(reference)”，这是C++对C的一个重要扩充，引用是一种

新的变量类型,它的作用是为一个变量起一个别名。假如有一个变量 a,想给它起一个别名 b,C++中可以这样写:

```
int a;              //定义 a 为一个整型变量
int &b = a;         //声明变量 b 是变量 a 的引用
```

以上语句声明了 b 是 a 的引用,即 b 是 a 的别名,经过这样的声明后,a 和 b 的作用相同,都代表同一变量。

注意:在上述声明中,"&"是引用声明符,不代表地址,也不是位运算符。不要理解为"把变量 a 的值赋给变量 b 的地址"。声明变量 b 为引用类型,并不需要另外开辟内存单元来存放 b 的值,因为 b 和 a 占用内存中的同一个存储单元,它们具有同一地址,如图 1.1 所示。

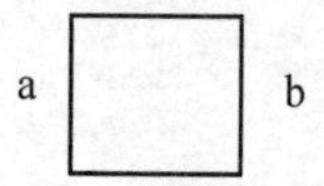

a b

图 1.1 变量引用图

在声明一个引用类型变量时,必须同时使之初始化,即声明它代表哪一个变量,是哪个变量的别名,引用哪个变量。在声明变量 b 是变量 a 的引用后,在它们所在函数执行期间,该引用类型变量 b 始终与其代表的变量 a 相联系,不能再作为其他变量的引用(别名)。下面的用法是错误的。

```
int a1,a2;         //定义整型变量 a1 和 a2
int &b = a1;       //定义变量 b 为变量 a1 的引用
int &b = a2;       //此句错误!企图使变量 b 又变成 a2 的引用(别名)是不行的
```

1.2.2 引用作为函数参数

有了变量名,为什么还需要一个别名呢?C++之所以增加引用类型,主要作用是把它作为函数参数,以扩充函数的数据传递功能。

到目前为止,我们主要学习了两种函数参数的传递方式。

(1) 值传递:形参为变量,实参为变量或表达式,当发生函数调用时,实参将其值传递给形参,这种传递是单向的值传递;如果在被调函数执行期间,形参的值发生变化,并不传回给实参。因为在调用函数过程中,形参和实参本质上是两个不同的存储单元。

(2) 地址(指针)传递:形参是指针变量,实参是一个地址值,当发生函数调用时,形参(指针变量)指向主调函数中某个变量单元(其地址为实参的值);如果在被调函数执行期间,形参通过间接方式使用了主调函数中对应的变量,是可以改变该变量值的。

引用作为函数参数时,实参不必用变量的地址(在变量名前面加 & 的方式),而是可以直接用变量名。由于实参和形参占用同一个存储单元,形参值的变化直接影响实参值的变化,也就是实参的值随着形参值的变化而变化。

1.3 函数重载

在编程时,有时我们想要实现的是同一类功能,只是有些细节稍有不同。例如希望找出 3 个数中的最大值,而每次求最大值时数据的类型有所不同,可能是 3 个整数或是 3 个双精度数或是 3 个长整型数。程序设计者往往会分别设计 3 个不同名的函数,其函数原型分别为:

```
int max1(int a, int b, int c);             //求 3 个整数中的最大值
```

```
double max2(double a, double b, double c);//求3个双精度数中最大值
long max3(long a, long b, long c);          //求3个长整型数中的最大值
```

显然这是非常不方便的，我们很难记住不同参数类型对应的函数名，而且这3个函数的函数体可能是完全一样的。

C++允许用同一函数名定义多个函数，这些函数的参数个数和参数类型有所不同，这就是函数的重载(function overloading)。即对一个函数名重新赋予它新的含义，使一个函数名可以多用。函数重载就是函数名相同，但函数参数的个数、类型或顺序三者中至少有一种不同，而函数返回值的类型可以相同也可以不同。

在使用重载函数时，同名函数的功能应当相同或相近，不要用同一函数名去实现完全不相干的功能，虽然程序也能运行，但可读性差。

1.4 函数模板

重载函数使编程变得比较方便，但当两个函数的函数体完全相同，区别仅在于它们的返回值及其形参的数据类型不同时，编写函数模板比重载函数更加方便。函数模板允许程序员建立一个通用的函数，以处理多种不同数据类型的相同操作，而不必为每个使用到的数据类型编写单独的函数。它最大特点是把函数使用的数据类型作为参数。

函数模板的声明形式为：

```
template < typename 类型参数1,…,typename 类型参数n >
返回值类型<函数名>(模板参数表)
{
    //函数体
}
```

其中，template是定义函数模板的关键字；template后面的尖括号不能省略；typename(或class)是声明数据类型参数的关键字，用以说明它后面的标识符是数据类型。这样，在定义的这个函数模板中，类型参数可以用来指定函数中的形参类型，返回值类型，以及局部变量类型。例如，可以只有一个类型参数：

```
template < typename T >
T fuc(T x, int y)
{
     T x;
     //……
}
```

当然也可以有多个类型参数：

```
template < typename T1,typename T2 >
void fuc(T1 x, T2 y)
{
     //……
}
```

函数模板中出现的类型名如T、T1和T2实际上是虚拟的类型名，但现在并不指定它们的具体类型，待发生函数调用时依据对应的实参类型才最终确定T、T1和T2的具体类型。

1.5 有默认参数的函数

一般情况下，在函数调用时形参从实参那里取得值，因此实参的个数应与形参相同。有时多次调用同一函数时都使用了同样的实参，C++为此提供了简单的处理办法，即给形参一个默认值，这样形参就不必一定要从实参取值了。如有函数声明如下：

```
float area (float r = 6.5);
                              //声明带默认值的函数 area,形参 r 的默认值为 6.5
```

该声明中指定形式参数r的默认值为6.5，如果调用此函数时，确认要传递给形参r的值为6.5，则可以不必再给出实参的值，如：

```
area ();        //相当于 area(6.5);
```

如果不想使形参取默认值，则可以正常通过实参另行给出想传递给形参的值，如：

```
s = area(7.5);
        //函数调用语句,调用函数 area,此时形参得到实参传递来的7.5,而不是 6.5
```

这种方法比较灵活，可以简化编程，提高运行效率。

如果有多个形参，可以使每个形参有一个默认值，也可以只对一部分形参指定默认值，另一部分形参不指定默认值。如求圆柱体体积的函数，形参h代表圆柱体的高，r为圆柱体半径。函数原型如下：

```
float volume(float h,float r = 12.5);
                              //函数声明时,只对形参 r 指定了默认值 12.5
```

函数调用可以采用以下形式：

```
v = volume(45.6);          //相当于 volume(45.6, 12.5),使用了默认值 12.5
v = volume(34.2,10.4);  //相当于 volume(34.2, 10.4),默认值 12.5 未发挥作用
```

实参与形参的结合是从左至右顺序进行的，因此在函数中指定有默认值的参数时必须放在形参列表中的最右端，否则出错。例如：

```
void f1 (float a,int b = 0,int c,char d = 'a');
                              //错误,有带默认值的参数未出现在最右端
void f2 (float a,int c,int b = 0, char d = 'a');
                              //正确,所有带默认值的参数均出现在最右端
```

如果调用上面的正确的f2函数，可以采取下面的形式：

```
f2 (3.5, 5, 3, 'x');          //形参的值全部从实参得到
f2 (3.5, 5, 3);               //最后一个形参 d 的值取默认值 'a'
f2 (3.5, 5);                  //最后两个形参的值取默认值,b 取 0,d 取 'a'
```

可以看到，在调用带有默认参数的函数时，实参的个数可以与形参的个数不同，若形参对应的实参未给出，形参将使用默认值。利用这一特性，可让函数的使用更加灵活。

1.6 内置函数

在函数调用时一般需要一定的时间和空间开销。C++提供一种提高效率的方法,即在编译时将被调用函数代码直接嵌入主调函数中,而不是将程序执行的流程从主调函数转到被调函数中出去。这种可以嵌入主调函数中的被调函数称为内置函数(inline function),又称内嵌函数。有些书中也把它译成内联函数。指定内置函数的方法很简单,只需在该函数首部的最左端加一个关键字 inline 即可。但是务必注意内置函数中不能包括复杂的控制语句,如循环结构语句、多分支选择结构的 switch 语句等。

应当说明,对函数作 inline 声明,只是程序设计者对编译系统提出的一个建议(和 C 语言中声明寄存器变量使用的 register 情况类似),也就是说它是建议性的,而不是指令性的,并非所有函数一经指定为 inline,编译系统就必须将其作为内置函数,编译系统会根据具体情况来决定是否这样做。归纳起来,只有那些规模较小而又被频繁调用的简单函数,才适合声明为 inline 函数。

1.7 new 与 delete 运算符

在软件开发过程中,常常需要动态地分配和撤销内存空间,例如对动态链表中结点的插入与删除。在 C 语言中是利用库函数 malloc 和 free 来分配和撤销内存空间的。C++提供了更加简便且功能更强的运算符,即 new 和 delete 来取代 malloc 和 free 函数。注意,new 和 delete 是运算符,不是函数,因此执行效率更高。

1.7.1 new 运算符

通常情况下 new 运算符有三种用法,分别介绍如下。

第一种用法:

new 运算符用于动态申请所需的内存单元,返回指定类型的一个指针值。它的语法格式为:

```
指针 = new 数据类型;
```

例如:

```
int *p;             //定义整型指针变量 p
p = new int;
             //开辟一个可以存放整型数据的内存空间,指针变量 p 中存放该空间首地址
*p=1;             //在指针变量 p 所指向的整型数据空间中放入整数值 1
```

系统自动根据 int 类型的空间大小开辟内存单元,用来存放 int 型数据,并将首地址保存在指针变量 p 中。

第二种用法:

new 运算符用于动态申请所需的内存单元同时指定该内存单元的值,返回指定类型的一个指针值。它的语法格式为:

```
指针 = new 数据类型 (整型表达式);
```

例如:

```
int *p;              //定义整型指针变量 p
p = new int (30);
//开辟一个可以存放整型数据的内存空间,放入值 30,指针变量 p 中存放该空间首地址
```

系统分配 int 类型所占用的存储空间,同时将 30 存放到刚刚分配的内存单元中,并将首地址保存在指针变量 p 中。

第三种用法:

可以用 new 运算符申请一块存放一组数据的内存单元,即创建一个数组。它的语法格式为:

指针 = new 数据类型[整型表达式];

其中,整型表达式给出数组元素的个数,指针指向所分配的一段内存单元的首地址,指针类型与 new 运算符后面的数据类型一致。例如:

```
int *p;          //定义整型指针变量 p
p = new int[10];
//开辟一个可以存放 10 个整型数据的内存空间,指针变量 p 中存放该段空间的首地址
```

系统开辟了一个长度为 10 的整型一维数组的内存空间,指针变量 p 中存放该数组的首地址。

1.7.2　delete 运算符

与 new 运算符对应,delete 运算符也有三种用法。

第一种用法:

delete　指针名

例如:

```
int *p;              //定义整型指针变量 p
p = new int;
                  //开辟一个可以存放整型数据的内存空间,指针变量 p 中存放该空间首地址
*p = 1;              //在指针变量 p 所指向的整型数据空间中放入整数值 1
delete p;            //释放指针变量 p 所指向的整型数据空间
```

第二种用法:

delete　指针名

例如:

```
int *p;              //定义整型指针变量 p
p = new int (30);
//开辟一个可以存放整型数据的内存空间,放入值 30,指针变量 p 中存放该空间首地址
delete p;            //释放指针变量 p 所指向的整型数据空间
```

第三种用法:

delete[ ]　指针名　　　//释放数组内存单元

例如:

```
int *p;              //定义整型指针变量 p
p = new int[10];
//开辟一个可以存放 10 个整型数据的内存空间,指针变量 p 中存放该段空间的首地址
delete  [10] p;      //释放指针变量 p 所指向的长度为 10 的整型一维数组空间
```

注意，与C语言中的malloc和free函数的情况类似，new和delete运算符必须成对出现，只有new运算符，没有delete运算符，将会因为某段内存没有被释放而造成内存泄漏。

1.8 本章案例

1.8.1 输出流

例1.1　案例描述　输出一行字符："This is a C++ program."。

案例实现

```
# include < iostream >      //包含头文件 iostream
using namespace std;        //使用命名空间 std
int main (  )
{
  cout <<"This is a C++ program."<< endl;
                              //实现输出功能,endl 表示回车换行,作用与 '\n' 类似
  return 0;
}
```

程序运行结果，如图1.2所示。

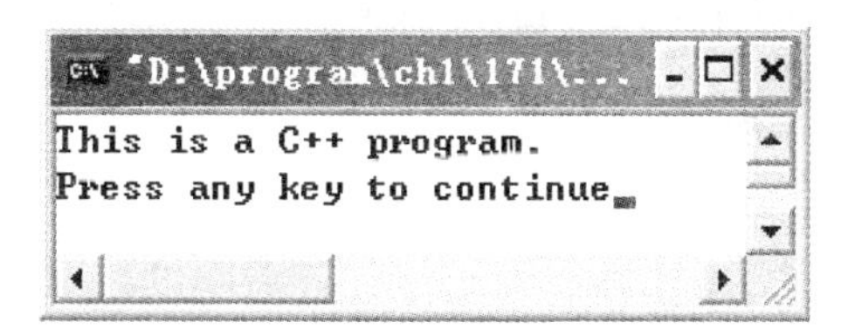

图1.2　例1.1程序运行结果图

知识要点分析　程序的第1行"# include < iostream >"，这不是C++的语句，而是C++的一个预处理命令，它以"#"开头以便与C++语句相区别，因为不是语句，所以此行末尾没有分号。# include < iostream >是一个"文件包含命令"，它的作用是将文件iostream的内容包含到该命令所在的程序文件中。文件iostream的作用是向程序提供输入或输出时所需要的一些信息。iostream是i、o、stream3个词的组合，从它的形式就可以知道它代表"输入输出流"的意思，这类文件都放在程序单元的开头，因此被称为"头文件(head file)"。在程序进行编译时，先对所有预处理命令进行处理，将头文件的具体内容复制到# include命令行位置，然后再对该程序单元进行整体编译。

程序的第2行"using namespace std;"的意思是"使用命名空间std"。C++标准库中的类和函数是在命名空间std中声明的，因此程序中如果需要用到C++标准库(此时需要使用标准库中的iostream文件)，就必须用"using namespace std;"作声明，表示要用到命名空间std中的内容。

语句"cout <<"This is a C++ program."<< endl;"中双引号里的字符串会原样输出到屏幕上，"endl"表示回车换行，用来控制输出的格式，其作用"\n"类似。

1.8.2 输入流

例 1.2 案例描述 从键盘输入两个整数 a 和 b 的值，计算整数 a、b 的和 sum，并输出 sum 的值。

案例实现

```
# include < iostream >
using namespace std;
int main ()
{
    int a,b,sum;
    cout <<"输入两个整数:";
    cin >> a >> b;
    sum = a + b;
    cout <<"a + b = "<< sum << endl;
    return 0;
}
```

程序运行结果，如图 1.3 所示。

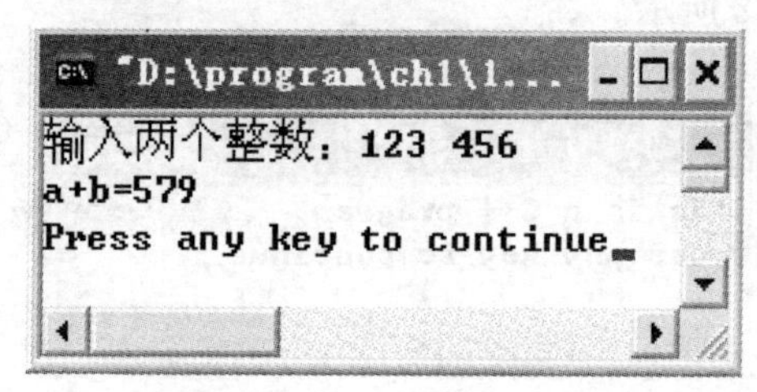

图 1.3 例 1.2 程序运行结果图

知识要点分析 案例中语句“cin >> a >> b;”表示从键盘输入两个数据，也可写成两条语句“cin >> a;”和“cin >> b;”，语句“cout <<"a+b="<< sum << endl;”输出运算结果，如图 1.3 所示，其中“a+b”作为字符串原样输出，而 sum 则是输出对应变量的值。

1.8.3 格式输出

例 1.3 案例描述 分析下面程序的输出结果，注意格式输出。

案例实现

```
# include < iostream >
# include < iomanip >        //使用格式输出所需包含的头文件
using namespace std;
int main ()
{
    double a = 123.456;
    cout << setprecision(4);
    cout << a << endl;
```

```
    cout << setiosflags(ios::fixed)<< setprecision(2);
    cout << a << endl;
    cout << setw(10)<< a << endl;
    cout << setiosflags(ios::left);
    cout << a << endl;
    cout << setw(10)<< a << endl;
    return 0;
}
```

程序运行结果，如图 1.4 所示。

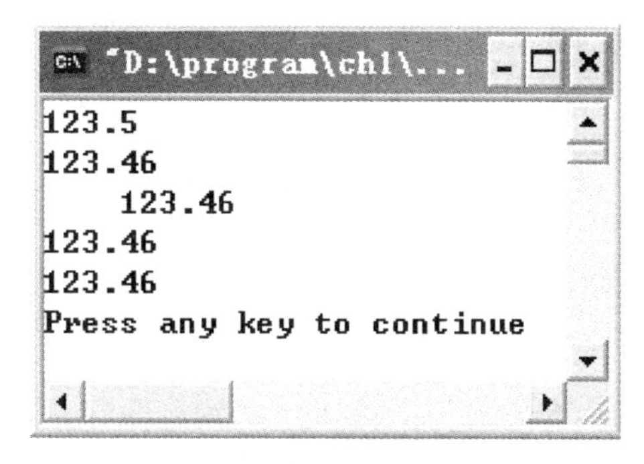

图 1.4　例 1.3 程序运行结果图

知识要点分析　在用到格式输出时需要把"iomanip"头文件包含到程序中，第一处使用格式输出的语句"cout << setprecision(4);"设置输出的浮点数共有 4 位数值(注意不包括小数点，采用四舍五入方式)，所以此行输出结果如图 1.4 第一行 123.5 所示；第二处"cout << setiosflags(ios::fixed)<< setprecision(2)"语句中，将 setprecision(2)和 setiosflags(ios::fixed)配合使用，表示输出的数值小数点后保留 2 位小数(采用四舍五入方式)，所以此行输出结果如图 1.4 第二行 123.46 所示；第三处使用格式输出的语句"cout << setw(10)<< a << endl;"表示设置变量 a 的输出共占 10 列，不足 10 列的在前端补空格，所以此行输出结果如图 1.4 第三行␣␣␣␣ 123.46(␣表示 1 个空格)所示；第四处"cout << setiosflags(ios::left);"语句用来设置输出的结果靠左对齐，此时如果指定了输出宽度，而输出数据实际宽度又小于指定宽度，将在输出的最右端补空格，所以之后的"cout << a << endl;"和"cout << setw(10)<< a << endl;"两行输出结果如图 1.4 中的第四行 123.46 和第五行 123.46 ␣␣␣␣(␣表示 1 个空格)所示。

1.8.4　引用及其简单应用

例 1.4　案例描述　分析下列程序的运行结果。

案例实现

```
#include <iostream>
using namespace std;
int main ()
{
```

```
    int a = 10;
    int &b = a;     //声明b是a的引用
    a = a * a;          //a的值发生改变,b的值也应一起改变
    cout << a <<"  "<< b << endl;
    b = b/5;        //b的值发生改变,a的值也应一起改变
    cout << a <<"  "<< b << endl;
    return 0;
}
```

程序运行结果,如图 1.5 所示。

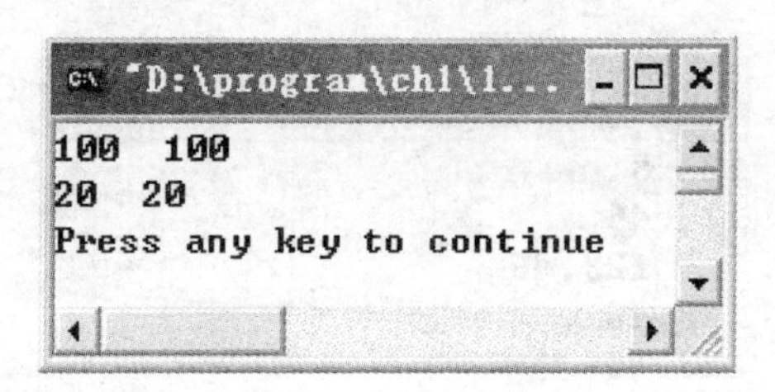

图 1.5 例 1.4 程序运行结果图

知识要点分析 语句"int &b=a"表示 b 是 a 的别名即 b 为 a 的引用,这样 a 和 b 占用同一个内存空间,所以在执行"a=a * a"后,a 和 b 的值都是变为 100,故程序输出的第一行如图 1.5 第一行所示;而在执行语句"b=b/5"后,b 的值为 20,同时 a 的值也应同时变为 20,故程序输出的第二行如图 1.5 第二行所示。

1.8.5 引用作为函数的参数

例 1.5 案例描述 分析下面程序的运行结果,尤其是各函数调用过程中实参和形参的传递方式。

案例实现

```
#include <iostream>
using namespace std;
void swap1 (int a, int b)
{
    int t;
    t = a;  a = b;  b = t;
}
void swap2 (int *p1, int *p2)
{
    int t;
    t = *p1;  *p1 = *p2;  *p2 = t;
}
void swap3 (int *p1, int *p2)
{
```

```
    int *t;
    t = p1;  p1 = p2;  p2 = t;
}
void swap4 (int &r1, int &r2)
{
    int t;
    t = r1;  r1 = r2;  r2 = t;
}
int main ()
{
    int m = 10,n = 20;
    swap1 (m,n);      cout <<"m = "<< m <<",n = "<< n << endl;
    swap2 (&m,&n);    cout <<"m = "<< m <<",n = "<< n << endl;
    swap3 (&m,&n);    cout <<"m = "<< m <<",n = "<< n << endl;
    swap4 (m,n);      cout <<"m = "<< m <<",n = "<< n << endl;
    return 0;
}
```

程序运行结果,如图 1.6 所示。

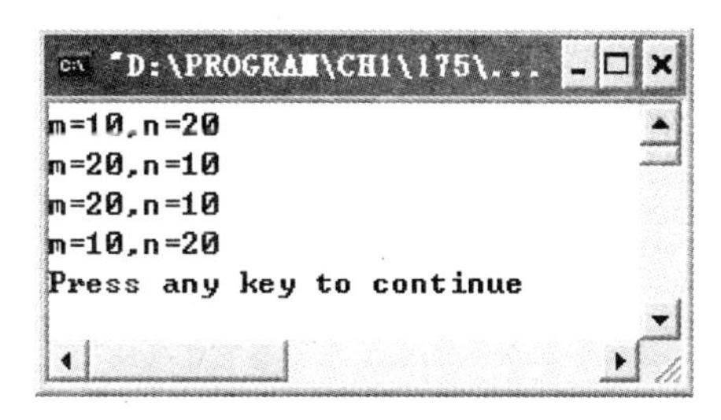

图 1.6　例 1.5 程序运行结果图

知识要点分析　程序主要比较函数参数传递的三种形式,即“值传递”“地址传递”和“引用传递”,其中函数 swap1 为值传递,函数 swap2 和 swap3 为地址传递,函数 swap4 为引用传递,各函数具体调用过程如下:

函数 swap1 的调用过程:

(1) 参数传递:将实参的值传递给形参,即将实参 m 的值传递给形参 a,实参 n 的值传递给形参 b,如图 1.7 所示。

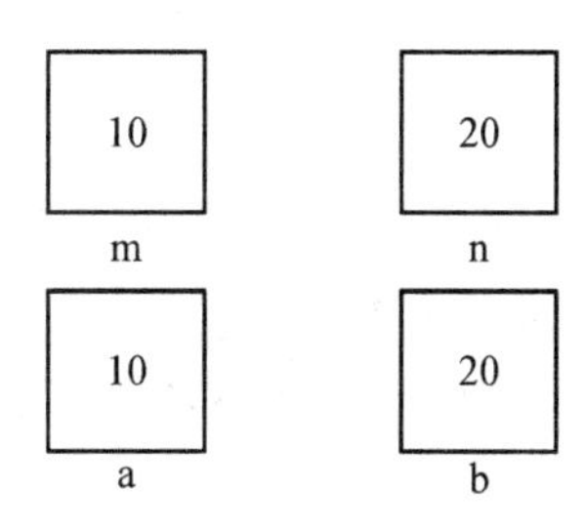

图 1.7　调用 swap1 函数后的参数传递结果图

(2) 执行函数体：执行“t=a;a=b;b=t;”语句后即可实现 a 和 b 值的互换，如图 1.8 所示。

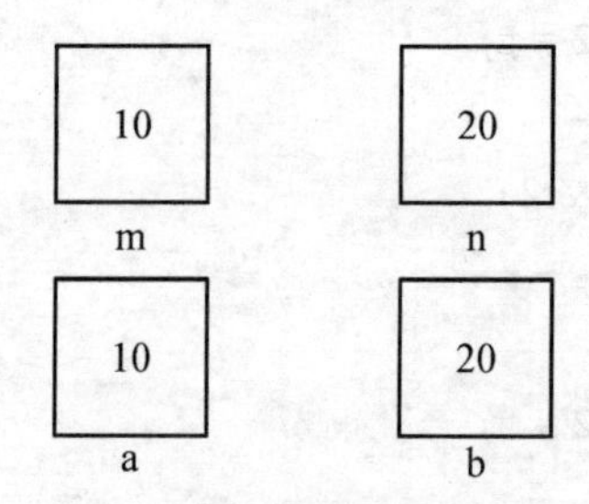

图 1.8　执行 swap1 函数体后实参和形参的值

(3) 返回到主调函数：m 和 n 的值并未发生任何变化，故程序输出第一行如图 1.6 第一行所示。此处值发生变化的是 swap1 形参 a 和 b，而它们的存储空间在函数调用结束后已经被释放，其值当然也就不存在了。

函数 swap2 的调用过程：

(1) 参数传递：将实参的值传递给形参，即将 m 的地址实参 &m 传递给形参 p1，将实参 n 的地址 &n 传递给形参 p2，如图 1.9 所示。如此两个形参指针变量 p1 和 p2 分别具备了间接访问实参 m 和 n 的能力。

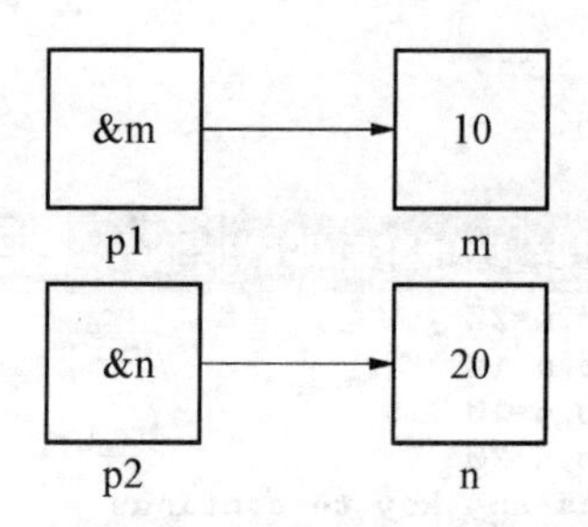

图 1.9　调用 swap2 函数后的参数传递结果图

(2) 执行函数体：执行“t= *p1; *p1= *p2; *p2=t;”语句后即可实现 *p1 和 *p2 值的互换，而 *p1 和 *p2 就是 m 和 n，故 m 和 n 的值实现了互换，如图 1.10 所示。注意形参 p1 和 p2 的值并未发生变化。

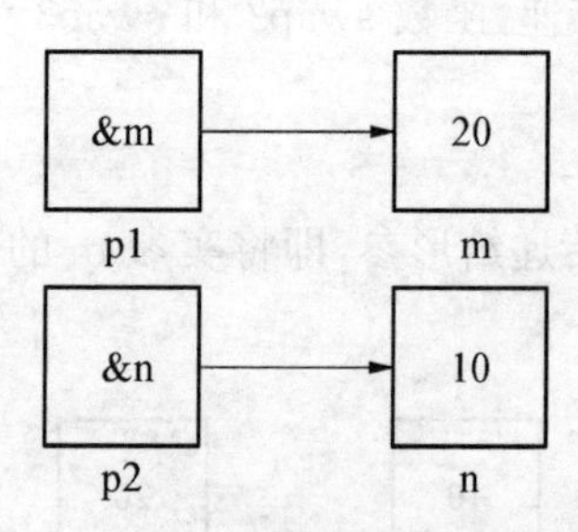

图 1.10　执行 swap2 函数体后实参和形参的值

(3) 返回到主调函数：m 和 n 的值发生改变，实现了互换，故程序输出第二行如图 1.6 第二行所示。此处 swap2 中形参 p1 和 p2 的存储空间在函数调用结束后同样被释放。

函数 swap3 的调用过程：

(1) 参数传递:将实参的值传递给形参,即将 m 的地址实参 &m 传递给形参 p1,将实参 n 的地址 &n 传递给形参 p2,如图 1.11 所示。如此两个形参指针变量 p1 和 p2 分别具备了间接访问实参 m 和 n 的能力。

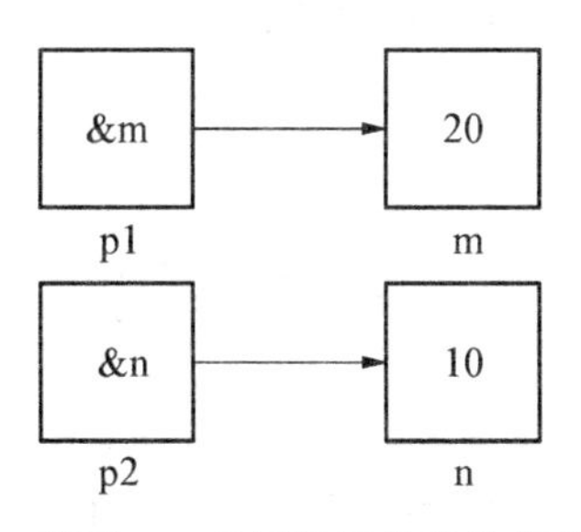

图 1.11 调用 swap3 函数后的参数传递结果图

(2) 执行函数体:执行“t=p1;p1=p2;p2=t;”的语句后即可实现 p1 和 p2 值的互换,如图 1.12 所示。注意与 swap2 函数不同,这里仅仅是交换了形参 p1 和 p2 的值,交换后 p1 指向 n,p2 指向 m。

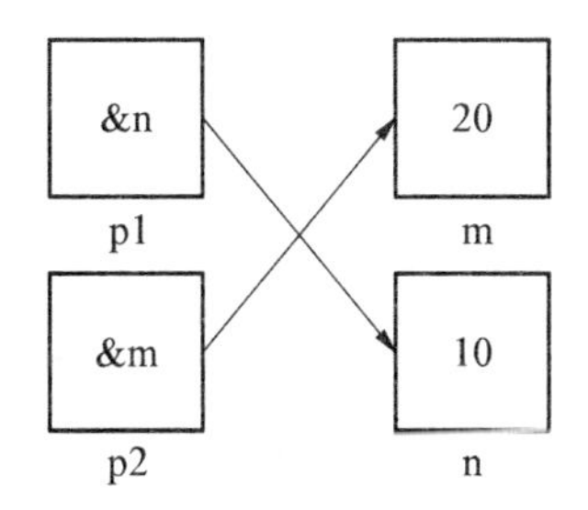

图 1.12 执行 swap3 函数体后实参和形参的值

(3) 返回到主调函数:m 和 n 的值并未发生任何变化,仍是调用 swap2 函数交换后的 20 和 10,故程序输出第三行如图 1.6 第三行所示。此处值发生变化的是 swap3 形参 p1 和 p2,而它们的存储空间在函数调用结束后已经被释放,其值当然也就不存在了,对主函数中 m 和 n 没有产生任何影响。

函数 swap4 的调用过程:

(1) 参数传递:将实参的值传递给形参,即将让 r1 成为实参 m 的别名,让 r2 成为实参 n 的别名,如此 r1 和 r2 分别成为 m 和 n 的引用,也就是 r1 和 m 占用同一存储单元,r2 和 n 占用同一存储单元,如图 1.13 所示。

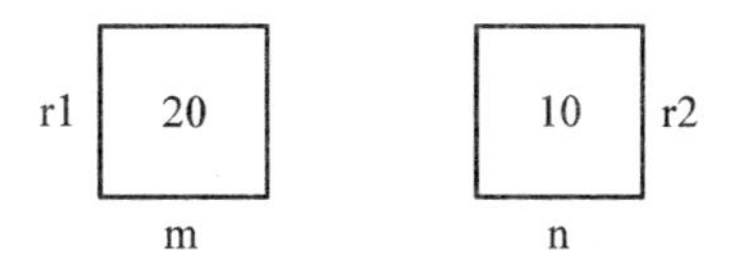

图 1.13 调用 swap4 函数后的参数传递结果图

(2) 执行函数体:执行“t=r1;r1=r2;r2=t;”语句后即可实现 r1 和 r2 值的互换,如图 1.14 所示。注意与之前的函数调用不同,这里的 r1 和 r2 实际上就是 m 和 n,因此 m 和 n 的值实现了交换。

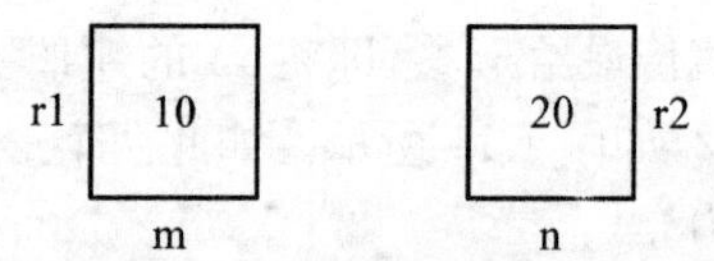

图 1.14　执行 swap4 函数体后实参和形参的值

(3) 返回到主调函数:m 和 n 的值发生交换,注意这里是在前面程序执行基础上的交换,故 m 和 n 的值分别变成了 10 和 20,程序输出第四行如图 1.6 第四行所示。此处值发生变化的是 swap4 形参 r1 和 r2,也是 m 和 n,r1 和 r2 在 swap4 函数调用结束后也会被释放。

小结:仅仅使用简单变量作为函数参数的 swap1 函数无法实现两数交换功能;使用指针变量作形参,变量地址作实参的函数可以实现两数交换功能,但是要注意函数体的写法,swap2 函数可行,swap3 函数则未能实现交换;使用引用作为函数参数的 swap4 函数也可以实现两数交换功能,而且相比指针变量作函数参数更加简单、直观。

1.8.6　函数重载

例 1.6　案例描述　编写函数求圆和长方形的面积。要求使用函数重载实现。

案例实现

```
# include < iostream >
using namespace std;
const float PI = 3.14;
//计算长方形的面积,有 2 个参数
float area (float a, float b)
{
	return a * b;
}
//计算圆的面积,有 1 个参数
float area (float r)
{
	return PI * r * r;
}
int main ()
{
	float a,b,r;
	cout <<"请输入圆的半径:";
	cin >> r;
	cout <<"请输入长方形的长、宽:";
	cin >> a >> b;
	cout <<"圆的面积是:"<< area(r)<< endl;
	cout <<"长方形的面积是:"<< area(a,b)<< endl;
	return 0;
}
```

程序运行结果,如图 1.15 所示。

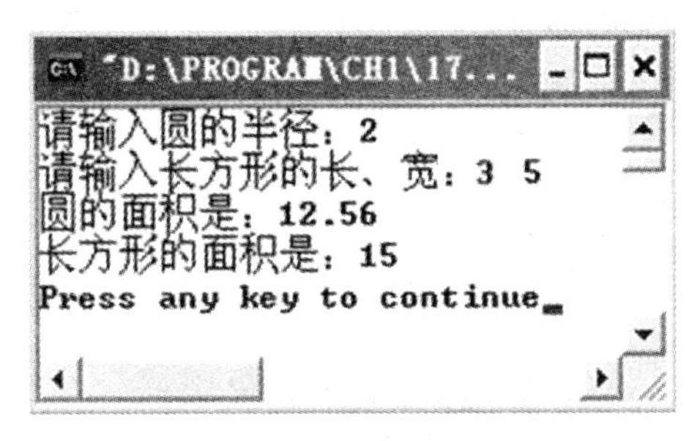

图 1.15 例 1.6 程序运行结果图

知识要点分析 此例题使用了函数重载,正如 1.3 节所述,只有当函数名相同,而函数的参数个数不同或参数的类型不同时才能实现函数的重载,而只有函数返回值的类型不同时是不能实现函数重载的。此处函数 float area(float a,float b)有 2 个参数,而函数 float area(float r)有 1 个参数,虽然参数名完全一样,但个数不同,就形成了函数的重载。两个重载函数完成类似的功能即计算图形的面积。在程序执行过程中会根据函数实参个数来决定调用哪个重载函数。

1.8.7 函数模板

例 1.7 案例描述 使用函数模板完成对基本类型数据进行 n 次方的计算。

案例实现

```
# include < iostream >
using namespace std;
template < typename T > //函数模板的定义
T power(T number, int n)
{
    T result = 1;
    for(int i = 1;i <= n;i ++ )
    {
        result * = number;
    }
    return result;
}
int main()
{
    int n1 = 5,n = 3;
    cout << n1 <<"的"<< n <<"次方是:"<< power(n1,n);
    return 0;
}
```

程序运行结果,如图 1.16 所示。

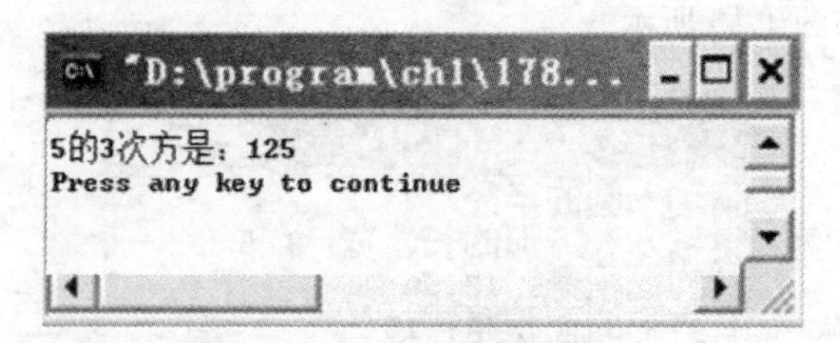

图 1.16 例 1.7 程序运行结果图

知识要点分析 typename T 可以修饰函数定义中形式参数，作为返回值类型，修饰函数的局部变量。在函数调用时，编译系统会根据传入的类型生成函数定义，并匹配调用。

注意：在尖括号中定义的数据类型参数，在函数定义中至少要出现一次。

1.8.8 有默认参数的函数

例 1.8 案例描述 编写一个程序，用来求 2 个或 3 个正整数中的最大数。要求：用带有默认参数的函数实现。

案例实现

```
#include <iostream>
using namespace std;
int max ( int a, int b, int c = 0)
{
    int d;
    d = a>b?a:b;
    return d>c?d:c;
}
int main ()
{
    int a,b,c;
    cout <<"请输入三个正整数:";
    cin >> a >> b >> c;
    while(a<=0||b<=0||c<=0)
    {
        cout <<"输入有误,请重新输入:";
        cin >> a >> b >> c;
    }
    cout <<"两个数中较大值是:"<< max(a,b)<< endl;
    cout <<"三个数中最大值是:"<< max(a,b,c)<< endl;
    return 0;
}
```

程序运行结果，如图 1.17 所示。

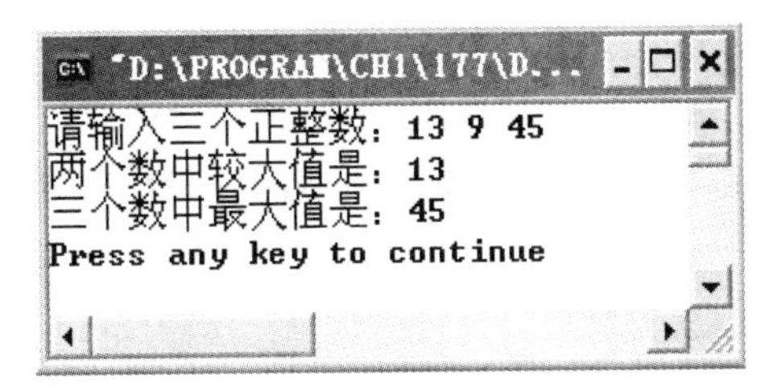

图 1.17 例 1.8 程序运行结果图

知识要点分析 此例程序中有默认参数的函数。题目要求是"正整数中的最大数"，而因为任何一个正整数都比 0 大，所以可以把最后一个形参设默认值为 0。当执行"max(a,b)"时，形参 a 的值取实参 13，形参 b 的值取实参 9，而形参 c 因为无对应实参故取默认值 0，此时 max 函数实际在求 a 和 b 两个数的最大值；当执行"max(a,b,c)"时，形参 a 的值取实参 13，形参 b 的值取实参 9，而此时形参 c 的值有对应实参故应取 45，此时 max 函数在求 a、b 和 c 三个数中的最大值。

1.8.9 内置函数

例 1.9 案例描述 将函数指定为内置函数。

案例实现

```
# include < iostream >
using namespace std;
inline int max(int,int, int);                //函数声明,注意左侧的关键字 inline
int main ()
{
    int i = 10,j = 20,k = 30,m;
    m = max(i,j,k);
    cout <<"max = "<< m << endl;
    return 0;
}
inline int max(int a,int b,int c)            //定义内置函数 max
{                                            //求 a,b,c 中的最大者
    if(b>a)  a = b;
    if(c>a)  a = c;
    return a;
}
```

程序运行结果，如图 1.18 所示。

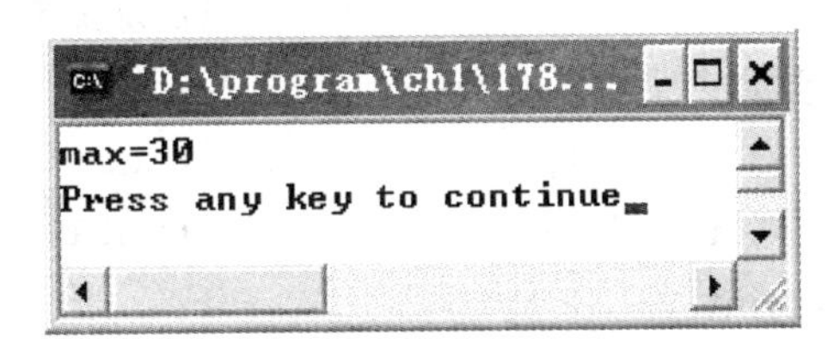

图 1.18 例 1.9 程序运行结果图

知识要点分析 在声明 max 函数时指定它为内置函数，因此编译系统在遇到函数调用语句 max(i,j,k)时，会使用 max 函数函数体中的代码代替函数调用语句 max(i,j,k)，同时用对应实参代替形参。如此，程序第 6 行“m=max(i,j,k);”就被置换成以下三行：

```
if(j>i)  i=j;
if(k>i)  i=k;
m=i;
```

注意：可以在声明函数和定义函数时同时写 inline，也可以只在其中一处声明 inline，效果相同，都能按内置函数处理。使用内置函数可以节省程序运行时间，但却会增加目标程序长度。因此一般只将规模很小(一般为 5 条语句以下)而且使用频繁的函数(如定时采集数据的函数等)声明为内置函数。

习　题

一、选择题

1. 下列关于C++函数的说法中正确的是(　　)。

A. 内置函数就是定义在另一个函数内部的函数

B. 函数体的最后一条语句必须是 return 语句

C. 标准C++要求若调用函数在前，定义函数在后，那么必须在调用函数前声明其函数原型

D. 编译器会根据函数的返回值类型和参数表来区分函数的不同重载形式

2. 以下函数原型的说明中不正确的是(　　)。

A. void f(void);　　B. int f(int);

C. void f(void a);　　D. void f (int=10);

3. 在C++中 cin 和 cout 是(　　)。

A. 一个标准的语句　　B. 预定义的类

C. 预定义的函数　　D. 预定义的类对象

4. 以下无法实现函数重载的是(　　)。

A. int f(int *, float *);　　float f(int, int);

B. float f(float, float);　　double f(double *,double);

C. double f(double, double *);　　int f(int, int);

D. void f(int *, int *);　　int f(int *, int *);

5. 对C++编译器区分重载函数无任何意义的信息是(　　)。

A. 参数类型　　B. 参数个数

C. 返回值类型　　D. 以上都不对

6. 下列关于函数原型的声明中不正确的是(　　)。

A. int f(int x,int y,int * z);　　B. int f(int,int y=10,int);

C. int f(int,int *,int z=10);　　D. int f(int=10,int=20,int);

E. int f(int *,int,int);　　F. int f(int=10,int,int);

G. int f(int,int *,int=10);

7. 若有函数原型的声明“int max(int a,int b,int c=10);”,下列函数调用中不正确的是(　　)。

A. max(10,20,30);　　B. max(10);

C. max(10,20);　　D. max(　);

E. max('A','B');　　F. max("a",'b');

8. 考虑函数原型 int ss(int, int =7,char='#'),下列函数调用中不正确的是(　　)。

A. ss(1);　　B. ss(1,2);

C. ss(1,2,'*');　　D. ss(1,'a',"*");

9. 已知 int n=0;则下列表示引用的方法中正确的是(　　)。

A. int &x=n;　　B. int &y=10;

C. int &z;　　D. float &a=n;

10. 下列有关 new 运算符的使用中不正确的是(　　)。

A. int a=50; int *p=new int(a);

B. float a=50.8; int *p=new int(a);

C. int a=50; float *p=new float(a);

D. int a=50; float *p=new int(a);

二、填空题

1. 在C++中函数的参数传递方式有三种:第一种是__________,第二种是__________,第三种是__________。

2. 在C++中用关键字 const 来定义__________。

3. 以下程序输出的第一行是__________,第二行是__________。

```
# include < iostream >
using namespace std;
int main ()
{
    int x = 24;
    int &r = x;
    r + = 12;
    cout <<"x = "<< x <<"\nr = "<< r << endl;
    return 0;
}
```

4. 下列程序运行结果的第一行是________,第二行是________。

```
# include < iostream. h >
using namespace std;
int a = 100;
int main ()
{
    int a = 500;
    cout << a << endl;
```

```
    cout <<::a << endl;
    return 0;
}
```

5. 若以下程序输入 12.345，写出以下程序的执行结果，第一行________，第二行________。

```
#include <iostream.h>
using namespace std;
void split_float(float x, int &p1, float &p2)
{
    p1 = (int)x;
    p2 = x - p1;
}
int main ()
{
    int n;
    float x, f;
    cin >> x;
    split_float(x,n,f);
    cout <<"n = "<< n << endl <<"f = "<< f << endl;
    return 0;
}
```

三、判断题

1. 在C++中，变量的"引用"就是变量的别名，因此引用又称为别名。 (　　)
2. 对引用的初始化，可以用一个变量名，不可以用另一个引用。 (　　)
3. 引用是一种独立的数据类型。 (　　)
4. 引用在初始化后还可以再重新声明为另一变量的别名。 (　　)
5. 引用与其代表的变量共享同一内存单元，系统并不为引用另外分配存储空间。 (　　)

四、编程题

编写一个程序，用来求 2 个或 3 个整数中的最大值。要求：用函数重载实现。

微信扫码
习题答案 & 相关资源

第 2 章

类与对象

2.1 类与对象概述

2.1.1 对象

客观世界中任何一个事物都可以看成一个对象，或者说客观世界是由千千万万个对象组成的。对象是构成系统的基本单位。任何一个对象都应当具有两个要素，即属性(attribute)和行为(behavior)，它能根据外界给予的信息进行相应的操作。一个对象往往是由一组属性和一组行为构成的。一般来说，凡是具备属性和行为这两种要素的，都可以作为对象。在一个系统中的多个对象之间通过一定的渠道相互联系。要使某一个对象实现某一种行为(即操作)，应当向它传送相应的消息。对象之间就是这样通过发送和接收消息互相联系的。

面向对象的程序设计采用了以上人们所熟悉的思路。在使用面向对象的程序设计方法设计一个复杂的软件系统时，首要的问题就是确定该系统是由哪些对象组成的，并且设计这些对象。在C++中，每个对象都是由数据和函数(即操作代码)这两部分组成的。数据体现了前面提到的"属性"，如一个三角形对象，它的 3 个边的长度数据就是它的属性。函数是用来对数据进行操作的，以便实现某些功能，例如可以通过边长计算出三角形的面积，并且输出三角形的边长和面积。计算三角形面积和输出有关数据的函数就是前面提到的行为，在面向对象程序设计中也称为方法(method)。调用对象中的函数就是向该对象传送一个消息(message)，要求该对象实现某一行为(功能)。

2.1.2 类

类是一组具有相同属性结构和操作行为对象的总称，并且它对这些属性结构和操作行为进行了描述和说明。类代表了某一批对象的共性和特征。类是对象的抽象，而对象是类的具体实例，一个对象是类的一个实例，只有创建了类才能创建对象，当给类中的属性和行为赋予实际的值以后，就得到了类的一个对象。

2.1.3 面向对象程序设计的特征

1. 抽象性

在面向对象程序设计方法中，常用到抽象(abstraction)这一名词。抽象的过程是将有关事物的共性归纳、集中的过程。抽象的作用是表示同一类事物的本质。C 和C++中的数据类型就是对一批具体的数的抽象。对象是具体存在的，如一个三角形可以作为一个对象，10 个不同尺寸的三角形是 10 个对象。如果这 10 个三角形对象有相同的属性和行为，可以将它们抽象为一种类型，称为三角形类型。在C++中，这种类型就称为“类(class)”。这 10 个三角形就是属于同一“类”的对象。类是一组对象共同特征的抽象，而一个对象则是类的一个特例，或者说是类的某个具体表现形式。

2. 封装性

可以对一个对象进行封装处理，把它的一部分属性和功能对外界屏蔽，也就是说从外界是看不到的，甚至是不可知的。这样做的好处是大大降低了操作对象的复杂程度。面向对象程序设计方法的一个重要特点就是“封装性”，所谓“封装”，指两方面的含义：一是将有关的数据和操作代码封装在一个对象中，形成一个基本单位，各个对象之间相对独立，互不干扰；二是将对象中某些部分对外隐蔽，即隐蔽其内部细节，只留下少量接口，以便与外界联系，接收外界的消息。这种对外界隐蔽的做法称为信息隐蔽。信息隐蔽还有利于数据安全，防止无关的人了解和修改数据。C++对象中的函数名就是对象对外的接口，外界可以通过函数名来调用这些函数，从而实现某些行为(功能)。

3. 继承与派生

如果在软件开发中已经建立了一个名为 A 的“类”，又想另外建立一个名为 B 的“类”，而后者与前者内容基本相同，只是在前者基础上增加了一些新的属性和行为，则只需在继承 A 类的基础上增加一些新内容即可。这就是面向对象程序设计中的继承机制。

利用继承可以简化程序设计的步骤，如“白马”继承了“马”的基本特征，又增加了新的特征(颜色)，“马”是父类，或称为基类，“白马”是从“马”类派生出来的，称为子类或派生类。C++提供了继承机制，采用继承的方法可以很方便地利用一个已有的类建立一个新的类。这就是常说的“软件重用”的思想。

4. 多态性

如果有几个相似而不完全相同的对象，有时人们要求在向它们发出同一个消息时，它们的反应各不相同，分别执行不同的操作。这种情况就是多态现象。如，在 Windows 环境下，用鼠标双击一个文件对象(这就是向对象传送一个消息)，如果对象是一个可执行文件，则会执行此程序，而如果对象是一个文本文件，则会启动文本编辑器并打开该文件。

在C++中，所谓多态性(polymorphism)是指由继承而产生的相关但不相同的类，其对象对同一消息会作出不同的响应。多态性是面向对象程序设计的一个重要特征，能大大增加程序的灵活性。

2.2 类的声明与对象的创建

2.2.1 类的声明

类类型是一种允许用户自己定义的类型，如果程序中需要使用类类型，用户可以根据自己的需要声明一个类类型或者也可以使用别人已经设计好的类类型，类类型声明的一般格式如下：

```
class 类名
{
private:
    私有的数据成员或成员函数
public:
    公共的数据成员或成员函数
protected:
    保护的数据成员或成员函数
};
```

关于类类型的声明，请注意以下七个问题。

(1) 以“;”结束类的声明；

(2) 所声明的类是一个数据类型而不是一个变量；

(3) 说明类成员访问权限的关键字 private、public 和 protected 可以按任意顺序出现任意多次，但一个成员只能有一种访问权限；被声明为私有的(private)成员，只能被本类中的成员函数使用，在本类外不能使用(友元函数除外)；被声明为公有的(public)成员，既可以被本类中的成员函数使用，也可以在本类外被使用；被声明为保护的(protected)成员，可以被本类中的成员函数使用，在本类外只能在其派生类中被使用，其他地方不能被使用；如省略了访问权限的说明(即省略了 private、public 和 protected)，则系统认为使用默认访问权限即私有的(private)；

(4) 为使程序更加清晰，应将私有成员和公有成员归类放在一起，习惯上将私有成员的说明放在前面；

(5) 数据成员可以是任何数据类型，但不能用自动(auto)、寄存器(register)、外部(extern)来说明；

(6) 成员函数可以在类体内定义，也可以在类体外定义，一般定义在类体之外；

(7) 不能在类体内给数据成员赋初值，只有在定义了类的对象以后才能给数据成员赋初值。

2.2.2 对象的创建

类是具有相同性质和功能的实体的集合。在C++中，类是指具有相同内部存储结构和相同操作的对象的集合。声明了一个类，只是定义了一种新的数据类型，只有定义了类的对象，才真正创建了这种数据类型的实体(对象)。对象的创建一般有三种方式。

1. 先声明类,再定义类对象

```
class Student
{
    private:……
    public:……
    protected:……
};
类名 对象名;
Student stu1,stu2;          //创建 Student 类的对象 stu1 和 stu2
```

2. 声明类的同时定义类对象

```
class  Student
{
    private:……
    public:……
    protected:……
}stu1,stu2;                 //声明 Student 类的同时创建对象 stu1 和 stu2
```

3. 省略类的名称,直接定义类对象

```
class
{
    private:……
    public:……
    protected:……
}stu1,stu2;                 //声明无名类的同时创建该类的对象 stu1 和 stu2
```

建议使用第一种方式创建类对象,养成良好的编程习惯。

2.2.3 类与对象的关系

对象是对客观事物的抽象,类是对对象的抽象。对象是类的实例,类是对象的模板。类是现实世界或思维世界中的实体在计算机中的反映,它将数据以及这些数据上的操作封装在一起。类是抽象的,不占用内存,而对象是具体的,占用实际存储空间。类是用于创建对象的蓝图,它是一个软件模板,定义了特定类型对象中的方法和变量。

2.2.4 类的成员函数

类的成员函数是指在类体内部声明的函数,该函数的定义可以在类体之内也可以在类体之外。如果在类体内只给出成员函数原型的声明,而成员函数的定义是在类体外部完成,其定义的一般形式为:

```
函数类型  类名::函数名(形式参数列表)
{
    函数体
```

```
}
```

说明：

(1) 在类体外定义成员函数时，必须在所定义的函数名前加上类名作为前缀。

(2) 在类体外定义成员函数时，类名与函数名之间必须加上作用域运算符::。

(3) 在类体外定义成员函数时，函数返回值类型和参数列表必须和类体内声明的函数原型完全相同。

(4) 在类体内定义成员函数时，该成员函数被系统默认为内置函数。

2.3 构造函数与析构函数

2.3.1 构造函数

当声明了一个类并且定义了该类的对象后，编译程序需要为类对象分配内存空间，进行必要的初始化工作，这个工作一般由一个特殊的函数来完成，我们称之为构造函数。它属于某个类，不同的类有不同的构造函数。构造函数可以由系统自动生成，也可以由用户自己定义。构造函数的一般形式如下：

```
类名::类名(参数列表)
{
  函数体
}
```

说明：

(1) 构造函数的函数名必须与类名完全相同；

(2) 构造函数没有返回值，不能为它说明函数类型，包括 void 类型也不允许；

(3) 构造函数的作用是在创建类对象时完成该对象的内存空间分配和初始化工作；

(4) 构造函数由编译系统自动调用，不能被用户显式调用，它是在类对象定义的同时被调用的，其调用的一般格式为：

```
类名  对象名(实参列表);
```

(5) 构造函数是类的成员函数，具有一般成员函数的所有特征，可访问类的所有成员，可以是内置函数，可以带参数列表，也可以没有参数，允许其形参带有默认值，构造函数还可以重载；

(6) 如果用户没有定义类的构造函数，系统会自动生成一个默认的构造函数，这个默认的构造函数不带任何参数，没有函数体，是一个空函数，它只能为对象开辟一段内存空间，不能为对象中的数据成员赋初值，即无法完成初始化的工作。我们把没有参数的构造函数称为缺省构造函数或默认构造函数，它可以由系统自动生成也可以由用户自己定义。

2.3.2 析构函数

当类对象被撤销时，需要释放其内存空间，并做好一些善后工作，这个任务可以由另一个特殊的成员函数来完成，我们称之为析构函数。析构函数也属于某个类，可以由系统自动生成也可以用户自己定义。定义析构函数的一般格式如下：

```
类名:: ~类名()
{
  函数体
}
```

说明:

(1) 析构函数的函数名必须与类名相同,且要在函数名前面要加符号"~";

(2) 析构函数没有返回值,不能为它说明函数类型,包括 void 类型也不允许;

(3) 析构函数的作用是当需要撤销对象时,系统会自动调用析构函数完成内存空间释放和一些善后工作;

(4) 析构函数没有参数,没有返回值,因此无法重载,一个类有且只能有一个析构函数;

(5) 每个类必须有一个析构函数,若一个类没有显式地定义析构函数,则系统会自动生成一个缺省的析构函数,与默认的构造函数一样,它是函数体为空的函数;

(6) 对于大多数类而言,缺省的析构函数就能满足要求,但如果对象在完成操作前需要做内部处理,则应由用户显式地定义析构函数。

2.3.3 构造函数与析构函数的调用顺序

当程序中有多个对象需要创建时,系统按照对象创建顺序来调用构造函数。当程序中有多个对象需要撤销时,系统调用析构函数来进行清理工作的顺序又是什么样的呢?一般情况下,遵循这样的规则,即"先构造的后析构,后构造的先析构"。如系统先后构造了对象1、对象 2 和对象 3,那么在析构的时候,顺序为对象 3、对象 2 和对象 1,如图 2.1 所示。

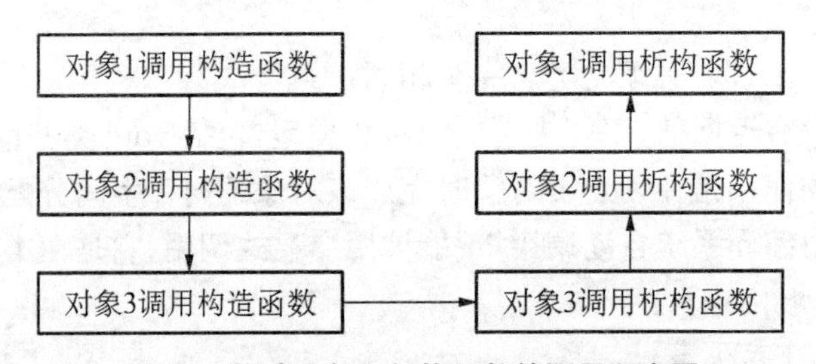

图 2.1 构造函数和析构函数的调用顺序图

2.4 对象数组

2.4.1 对象数组的声明

数组元素可以是基本数据类型的数据,也可以是用户自定义数据类型的数据,对象数组就是指数组元素是类的对象,各个元素中存放的对象均属于同一个类。也就是说,有若干个对象同属于同一个类,就可以定义一个数组来存放该类的这些对象,声明对象数组的一般形式如下:

类名 数组名[数组第一维长度] [数组第二维长度]……

其中,类名指出该对象数组的元素是哪个类的对象,[]中使用整型常量或常量表达式给出数组不同维数的大小。例如:

```
Student stu[3];
```

就定义了一个一维对象数组 stu，它包含有 3 个数组元素，每个数组元素均可以是一个 Student 类的对象。

2.4.2 对象数组的引用

对象数组的赋值是通过对数组中每个元素的赋值来实现的。对象数组元素的值可以在定义的同时初始化，也可以在定义后给它赋初值，还可以重新赋值。引用对象数组元素的一般形式是：

数组名[下标].数据成员(或成员函数)

例如：

```
cout << stu[0].xh << endl;          //假设 xh 为 Student 中的公有数据成员"学号"
cout << stu[0].print()<< endl;
                                    //假设 print 为 Student 中的公有无参成员函数"打印"
```

2.5 对象指针

2.5.1 指向对象的指针

对象指针是一个对象在内存中的首地址，取得一个对象在内存中首地址的方法与取得一个变量在内存中首地址的方法一样，都可以通过取地址运算符 &。例如：

```
Student *p, stu;     p = &stu;
```

表达式“p=&stu”中的“&stu”表示对象 stu 在内存中的首地址，将它赋给指向对象的指针变量 p，则 p 就指向对象 stu 在内存中的首地址。

2.5.2 指向对象数据成员的指针

对象有地址，存放对象起始地址的指针变量就是指向对象的指针变量。对象中的成员也有地址，存放对象成员起始地址的指针变量就是指向对象成员的指针变量。

定义指向对象数据成员的指针变量，其方法与定义指向普通变量的指针变量相同。例如：

```
int *p1;   //定义指向整型数据的指针变量
```

定义指向对象数据成员的指针变量的一般形式为：

数据类型名 * 指针变量名;

如果 Time 类的数据成员 hour 为公有的整型数据，则可以在类外通过指向对象数据成员的指针变量访问对象的公有数据成员 hour。

```
p1 = &t1.hour;          //将对象 t1 的数据成员 hour 的地址赋给 p1,p1 指向 t1.hour
cout << *p1 << endl; //输出 t1.hour 的值
```

2.5.3 指向对象成员函数的指针

定义指向对象成员函数的指针变量，其方法与定义指向普通函数的指针变量有所不同。

成员函数与普通函数有一个最根本的区别，它是类的一个成员。在使用赋值语句为指向函数的指针变量赋值时，编译系统要求在赋值号左右两侧的类型必须匹配，即指针变量的类型必须与赋值号右侧函数的类型相匹配，具体要求在三方面进行匹配：

(1) 函数参数的类型和参数个数；

(2) 函数返回值的类型；

(3) 所属的类。

则定义指向 Time 类成员函数的指针变量应该采用以下形式：

```
void (Time:: *p2)();  //定义 p2 为指向 Time 类中公有无参成员函数的指针变量
```

定义指向公有成员函数的指针变量的一般形式为：

```
函数类型 (类名:: * 指针变量名)(参数列表);
```

这样的指针变量可以指向一个类的公有成员函数，只需把该类中的某个公有成员函数的入口地址赋给这个指针变量即可。如可将 Time 类中公有成员函数 get_time()的入口地址赋值给指针变量 p2：

```
p2 = &Time::get_time;
```

故将指针变量指向一个类的公有成员函数的一般形式为：

```
指针变量名 = & 类名::成员函数名;
```

2.5.4 this 指针

每个对象中的数据成员都分别占有存储空间，如果对同一个类定义了 n 个对象，则有 n 个同样大小的空间用来存放 n 个对象中的数据成员。但是，不同对象的成员函数却是内存中的同一段代码，也就是说在调用不同类的成员函数时，都调用同一个函数代码段。那么，当不同对象的成员函数引用数据成员时，如何才能保证引用的是特定对象的数据成员呢？其实在每一个成员函数中都包含一个特殊的指针，这个指针的名字是固定的，称为 this。它是一个指向本类对象的指针，它的值就是当前被调用的成员函数所在对象的起始地址。

this 指针是系统自动生成的、隐含于每个对象中的指针。当一个对象生成以后，系统就为这个对象定义了一个 this 指针，它指向这个对象的地址。也就是说，每一个成员函数都有一个 this 指针，当对象调用成员函数时，该成员函数的 this 指针便指向这个对象。这样，当不同的对象调用同一个成员函数时，编译器将根据该成员函数的 this 指针所指向的对象确定引用哪个对象的数据成员。因此，成员函数访问类中数据成员的实际形式为：

```
this ->成员变量
```

说明：this 指针大部分情况下不会显示出现，若显示出现主要用于当成员函数需要把对象本身作为参数传递给另一个函数的时候。

2.6 对象的赋值与复制

2.6.1 对象的赋值

基本数据类型的变量之间相互赋值是非常常见的操作，同属于一个类的类对象可以相互赋值吗？答案是肯定的。对象之间的相互赋值也可以和简单变量一样通过赋值运算符

“=”来实现。这里实际上是使用了第3章将会介绍的运算符的重载功能。简单说来对象间的赋值工作就是将赋值号右侧对象中各数据成员的值逐一复制到赋值号左侧对象的各数据成员中去。

对象间赋值的一般形式为:对象名1 = 对象名2

假设已有 Time 类的声明,则可以进行如下赋值操作:

```
Time t1,t2;  ……  t1 = t2;
```

2.6.2 对象的复制

在面向对象的程序设计中,有时需要创建一个和已有类对象完全一致的类对象,此时如果全部使用相同的初始化方法,如使用相同的参数调用相同的构造函数,比较麻烦,也略显奇怪,这时我们可以使用对象复制的办法,它可以快速的复制出多个完全相同的对象。其一般形式为:

类名　对象名2(对象名1);

从形式上看,这种方式仍然是一种类对象的定义方式,不同的是它所使用的参数为类对象。为支持这种方式,系统需要一个特殊的构造函数——复制构造函数(copy constructor)。

假设已经声明的 Time 类中,其数据成员仅包括 hou、min 和 sec 三个分别表示时、分和秒,则其复制构造函数形式如下:

```
Time::Time(const Time& t)
{
   hou = t.hou;
   min = t.min;
   sec = t.sec;
}
```

从以上形式可知,复制构造函数的参数只有一个,是该类对象的引用,且一般我们约定使用 const 声明,以保证在函数体内不能改变参数 t 的值,从而避免一切在复制构造函数调用过程中改变实参对象的可能。

若有 Time t1,t2(t1);则系统在创建对象 t1 时自动调用普通的无参构造函数,而在创建对象 t2 时则会调用复制构造函数,将 t1 作为实参加以传递。调用复制构造函数创建 t2 时,函数体内实际执行了以下三条语句:

```
this -> hou = t.hou;
this -> min = t.min;
this -> sec = t.sec;
```

其中的 t 显然是实参 t1 的引用,因此 t.hou 就是 t1.hou;this 指针指向调用该复制构造函数的类对象 t2,因此 this -> hou 就是 t2.hou,如此上述三条语句的作用当然就是将 t1 中各数据成员的值分别复制给 t2 中的各数据成员,从而使得 t1 和 t2 两个对象中数据成员的值完全相同。

如果用户自己没有定义复制构造函数,系统会自动提供一个只简单复制类中每个数据成员值的默认复制构造函数。

在以下三种情况下需要使用对象的复制,此时系统会自动调用复制构造函数,不需要用户干预。

(1) 程序中需要建立一个新的对象,并用另一个同类对象对它进行初始化,即 Time t1, t2(t1);这种形式,需要指出的是该形式也可以写为 Time t1,t2=t1;这时同样会调用 Time 类的复制构造函数。这里必须特别提醒,在定义 Time 类对象 t2 之后,任何 t2=t1;并不调用复制构造函数,这时使用的是赋值运算符的重载,如 2.6.1 小节所述。

(2) 当函数参数为类对象时,实参类对象向形参类对象传值,需要使用复制构造函数,用实参类对象创建一个形参类对象。

(3) 当函数返回值是类对象时,需要调用复制构造函数,用作为函数返回值的类对象创建一个临时类对象返回该函数的调用位置。

2.7 静态成员

2.7.1 静态数据成员

静态成员是指类中用关键字 static 说明的那些成员,包括静态数据成员和静态成员函数。静态成员用于解决同一个类的不同对象之间数据和函数共享的问题,也就是说,不管这个类创建了多少个对象,这些对象的静态成员使用同一个内存空间,由该类的所有对象共同维护和使用。

静态数据成员是指在类中用关键字 static 说明的那些数据成员。

关于静态数据成员需要说明以下五点。

(1) 静态数据成员声明时,必须加关键字 static 说明。

(2) 静态数据成员必须初始化,但只能在类体外进行,初始化的形式为:

```
数据类型  类名::静态数据成员名 = 值;
```

千万不能在说明类的时候初始化,因为那时还无法为静态数据成员分配存储空间。

(3) 静态数据成员属于类,在类体外只能通过类名对它进行引用,引用的一般形式为:

```
类名::静态数据成员名
```

(4) 静态数据成员被声明为私有成员时,只能在类体内直接引用,类体外无法引用。

(5) 静态数据成员被声明为公有成员或保护成员时,可在类体外通过类名来引用。

2.7.2 静态成员函数

静态成员函数是指在类中用关键字 static 说明的那些成员函数。它属于类,由同一个类的对象共同使用和维护,为这些对象所共享。

关于静态成员函数需要说明以下三点。

(1) 静态成员函数可以在类体内定义,也可以在类体外定义。

(2) 静态成员函数中没有隐含的 this 指针,调用时可选用下面两种方法:

```
类名::静态函数名()   或   对象名.静态函数名()
```

(3) 静态成员函数不能访问类中的非静态成员,若要访问,只能通过对象名或指向对象的指针来访问那些非静态成员。

2.8 友元

2.8.1 友元函数

友元提供了不同类或对象的成员函数之间、类的成员函数与一般函数之间进行数据共享的一种手段。通过友元这种方式,一个普通函数或类的成员函数可以访问封装在类内部的数据,外部通过友元可以看见类内部的一些属性。应该指出,友元的使用将破坏类的数据封装性。

一个类中,声明为友元的外部对象可以是不属于任何类的一般函数(非成员函数),也可以是另一个类的成员函数,还可以是一个完整的类。

友元函数是在类声明中用关键字 friend 说明的非本类成员函数,它可以是其他类的成员函数,也可以是独立于任何类的非成员函数。友元函数说明的位置可以放在私有部分,也可放在公有部分,友元函数可定义在类的内部,也可定义在类的外部。一旦某个函数被声明为某个类的友元函数,则它可以访问该类的所有对象的私有或公有成员。普通非成员函数声明为类的友元函数的一般形式为:

friend <函数类型><友元函数名>(参数列表);

如果使用非成员函数作为类的友元函数,需要说明以下三点。

(1) 因为类的友元函数是一个非成员函数,所以在类外定义该友元函数时,不必像类的成员函数那样,在函数名前加“类名::”。

(2) 因为类的友元函数是一个非成员函数,因而在函数体内不能直接引用该类对象成员的名字,也不能通过 this 指针引用该类对象的成员,必须通过实参为形参传递进来的对象名或对象指针来引用该类对象的成员。

(3) 当一个非成员函数需要访问多个类时,应该把这个函数同时定义为这些类的友元函数,这样,它才能不受限制地访问这些类的所有成员。

2.8.2 友元类

当一个类 A 作为另一个类 B 的友元时,称类 A 为类 B 的友元类。当类 A 成为类 B 的友元类后,类 A 中的所有成员函数都成为类 B 的友元函数,因此,类 A 中所有成员函数都可以通过对象名直接访问类 B 中的私有成员,从而实现了不同类之间的数据共享。友元类声明的形式如下:

friend class <友元类名>;或 friend <友元类名>;

友元类的声明可以放在类声明中的任何位置,这时,友元类中的所有成员函数都成为另一个类的友元函数。

说明:

(1) 友元关系是不能传递的,如类 A 是类 B 的友元类,而类 B 又是类 C 的友元类,但类 A 不一定是类 C 的友元类;

(2) 友元关系是单向的,如类 A 是类 B 的友元类,但类 B 不一定是类 A 的友元类。

2.9 类模板

当需要编写多个形式和功能都相似的函数时，我们可以使用C++提供的函数模板；当需要编写多个形式和功能都相似的类时，我们可以使用C++的提供的类模板，编译器从类模板可以自动生成多个类，避免了程序员的重复劳动。C++中类模板的一般形式为：

```
template < class 类型参数 1,…,class 类型参数 n >
class 类模板名{
……              //成员函数和成员变量
};
```

与普通类定义不同，类模板要在类定义前加 template <类型参数列表>，它的成员声明要使用虚拟类型参数名，而不使用具体的类型名。另外，在类外定义成员函数时，也需要这个类模板声明，它的一般形式如下：

```
template <类型参数表> //类模板声明
返回值类型  类模板名<类型参数名列表>::成员函数名(参数表) //尖括号及内容不能省略
{
    ……// 成员函数的函数体
}
```

使用类模板定义对象的方式也与普通类定义对象的方式有所不同，一般形式如下：

类模板名<真实类型参数表>对象名(构造函数实际参数表);

如果类模板有无参构造函数，那么也可以使用如下形式：

类模板名<真实类型参数表>对象名;

2.10 本章案例

2.10.1 声明学生类并在类内定义输入输出成员函数

例 2.1 案例描述 声明学生类 Student，在类内定义私有数据成员学号 xh、姓名 xm、成绩 cj，再定义两个成员函数分别实现数据的输入和输出，最后定义对象调用成员函数进行输入输出。

案例实现

```
# include < iostream >
using namespace std;
class Student                          //定义 Student 类
{
  private:                             //私有成员
       char xh[5];                     //学号
       char xm[11];                    //姓名
       float cj;                       //成绩
  public:                              //定义了两个公共的成员函数
```

```
        void inlist ()                    //输入成员函数
        {
                cout <<"请输入学号:";
                cin >> xh;
                cout <<"请输入姓名:";
                cin >> xm;
                cout <<"请输入成绩:";
                cin >> cj;
        }
        void outlist ()                   //输出成员函数
        {
                cout << xh << endl;
                cout << xm << endl;
                cout << cj << endl;
        }
};
int main ()
{
        Student stu1;                     //定义 stu1 对象
        stu1.inlist();                    //调用输入成员函数
        stu1.outlist();                   //调用输出成员函数
        Student stu2;
        stu2.inlist();
        stu2.outlist();
        return 0;
}
```

程序运行结果,如图 2.2 所示。

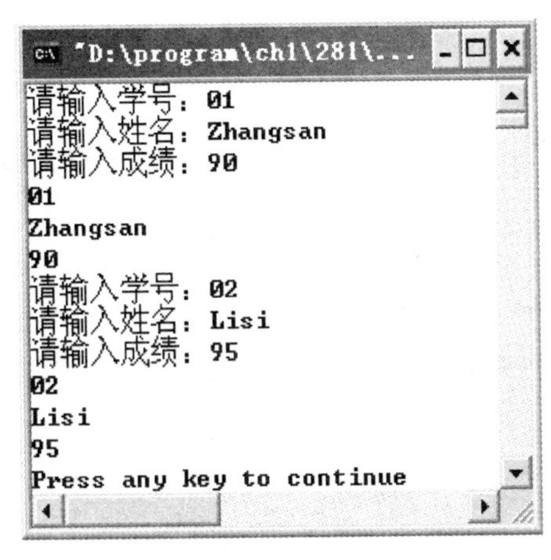

图 2.2　例 2.1 程序运行结果图

知识要点分析 在程序中声明了 Student 类，在类中定义了三个私有数据成员 xh[5]、xm[11]、cj 和两个公有成员函数 void inlist()、void outlist()，其中 inlist()函数用来输入三个私有数据成员，outlist()函数用来输出三个私有数据成员。

2.10.2 声明学生类并在类外定义输入输出成员函数

例 2.2 案例描述 声明学生类 Student，在类内定义私有数据成员学号 xh、姓名 xm、成绩 cj，在类内声明两个成员函数实现数据的输入和输出，然后在类外定义这两个成员函数，最后定义对象调用成员函数进行输入输出。

案例实现

```
# include < iostream >
using namespace std;
class Student                               //定义 Student 类
{
   private:                                 //私有成员
        char xh[5];                         //学号
        char xm[11];                        //姓名
        float cj;                           //成绩
   public:                                  //定义了两个公共的成员函数
      void inlist();                        //声明输入成员函数
      void outlist();                       //声明输出成员函数
};
void Student::inlist()                      //定义输入成员函数
{
     cout <<"请输入学号:";
     cin >> xh;
     cout <<"请输入姓名:";
     cin >> xm;
     cout <<"请输入成绩:";
     cin >> cj;
}
void Student::outlist()                     //定义输出成员函数
{
     cout << xh << endl;
     cout << xm << endl;
     cout << cj << endl;
}
int main()
{
     Student stu1;                          //定义了 stu1 对象
```

```
        stu1.inlist();                              //调用输入成员函数
        stu1.outlist();                             //调用输出成员函数
        Student stu2;
        stu2.inlist();
        stu2.outlist();
        return 0;
    }
```

程序运行结果，如图 2.3 所示。

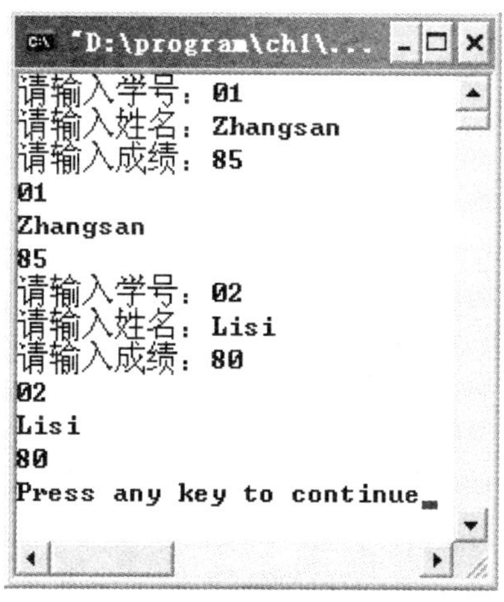

图 2.3　例 2.2 程序运行结果图

知识要点分析　"void inlist();"和"void outlist();"是在类内声明的成员函数，但成员函数的定义都在类的外部，在类体外部定义类的成员函数时，需要函数名前加上类名和作用域运算符，即使用"void Student::inlist()"和"void Student::outlist()"这样的形式。

2.10.3　求三个数中的最大数

例 2.3　案例描述　定义一个类，包含 a，b，c 三个数据成员，通过成员函数，求三个数据成员中的最大数，利用构造函数对数据成员进行初始化。

案例实现

```
# include < iostream >
using namespace std;
class Data
{
   private:                                         //定义三个私有数据成员
      int a,b,c;
   public:
      int max()                                     //求最大数的成员函数
      {
         if(a >= b&&a >= c)   return a;
```

```
        if(b >= a&&b >= c)  return b;
        if(c >= a&&c >= b)  return c;
    }
    Data()                              //构造函数用进行私有数据成员初始化
    {
        a = 100;
        b = 200;
        c = 300;
    }
};
int main()
{
    Data d;                             //定义对象 d
    int m;
    m = d.max();                        //调用 d 的公有成员函数
    cout << "m ="<< m << endl;
    return 0;
}
```

程序运行结果,如图 2.4 所示。

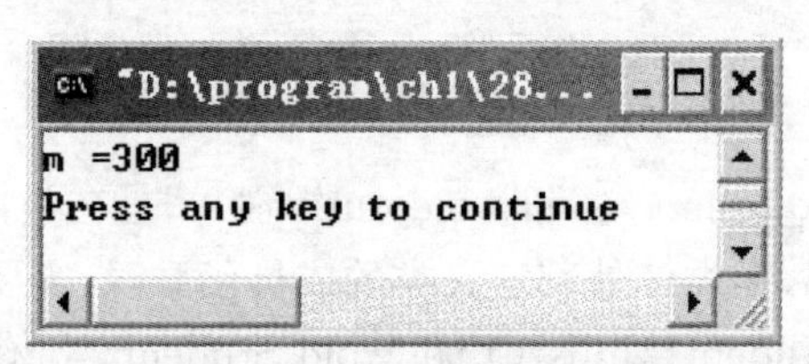

图 2.4 例 2.3 程序运行结果图

知识要点分析 在程序中声明无参构造函数 Data(),构造函数名必须与类名完全相同,且无返回值,无函数类型,在创建对象时由系统自动调用,用户无法直接调用;在程序中还定义了一个公有成员函数"int max()",该函数用来实现计算三个数的最大值。

2.10.4 计算梯形的面积

例 2.4 案例描述 声明一个梯形类,包含上底、下底和高三个私有数据成员,通过构造函数完成对象初始化工作,通过成员函数求梯形面积。

案例实现

```
# include < iostream >
using namespace std;
class Tx
{
    private:
            int h;                      //梯形高
```

```
            int sd;                             //梯形上底
            int xd;                             //梯形下底
        public:
            Tx(int =10, int = 5, int = 20); //声明构造函数,参数带默认值
            float mj();                         //声明成员函数,求梯形面积
};
Tx::Tx(int psd, int pxd,int ph)                 //类外定义构造函数
{
        sd = psd;
        xd = pxd;
        h = ph;
}
float Tx::mj()                              //类外定义求面积的成员函数
  {
      return (sd + xd) * h/2.0;
  }
int main()
{
      Tx tx1;                      //利用构造函数中形参的默认值创建对象 tx1
      cout <<"第一个梯形的面积:"<< tx1. mj()<< endl;
      Tx tx2(1,2,3);               //利用构造函数创建对象 tx2,不使用默认值
      cout <<"第二个梯形的面积:"<< tx2.mj()<< endl;
      Tx tx3;                      //利用构造函数中形参的默认值创建对象 tx3
      tx3 = tx1;                   //把对象 tx1 赋给对象 tx3
      cout <<"第三个梯形的面积:"<< tx3. mj()<< endl;
      return 0;
}
```

程序运行结果,如图 2.5 所示。

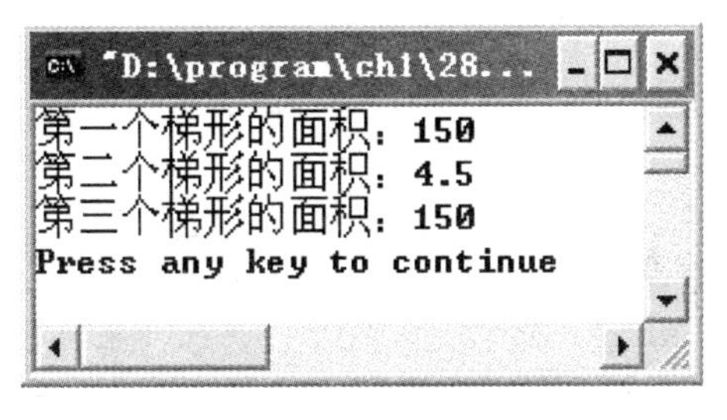

图 2.5　例 2.4 程序运行结果图

知识要点分析　定义对象 tx1 时没有给任何初值作为实际参数,因此构造函数将使用形参的默认值,即将 10 传给 psd,将 5 传给 pxd,将 20 传给 ph,因此计算出的面积为 150;定义对象 tx2 时,给了初值作为实际参数,因此 1、2 和 3 分别传给了构造函数的形参 psd、pxd

和 ph,因此计算出的梯形面积是 4.5;语句“tx3 = tx1”是将对象 tx1 赋值给了对象 tx3,因此计算对象 tx3 的面积仍是 150。

对于本例中的构造函数我们还可以使用一种比较简单的方法将其定义在类体内部,形式如下:

```
Tx(int psd = 10, int pxd = 5, int ph = 20):sd(psd),xd(pxd),h(ph) { };
                                           //在类体内定义带默认值的构造函数
```

其效果与程序中的完全一样。C++中将这种方法称为参数初始化表的方式来实现对数据成员的初始化。

这种方法不是在函数体内对数据成员进行初始化,而是在函数首部实现的,即在原来的函数首部之后增加一个冒号,然后列出参数的初始化表。如上例就表示用形参 psd 的值初始化数据成员 sd,用形参 pxd 的值初始化数据成员 xd,用形参 ph 的值初始化数据成员 h。使用这种方法时,在初始化表之后的函数体是空的,不执行任何语句,用一对空的花括号表示。使用参数初始化表的方式可以减少函数体的长度,让构造函数看起来更简单精练,免去了在类体内声明,在类体外定义构造函数的麻烦,尤其当需要初始化的数据成员较多时,其优越性更加明显。

2.10.5 计算子串在字符串中出现的次数

例 2.5　案例描述　计算一个长度为 2 的子串在某字符串中出现的次数,通过构造函数把子串和原字符串作为参数进行传递。

案例实现

```
#include <iostream>
#include <string>
using namespace std;
class Str
{
  private:
     char k[1000],m[3];
  public:
     int count();
     Str(char *p,char * sub);
};
int Str::count()
{
     int i = 0, cnt = 0;
     while(i<strlen(k) - 1)
     {
          if(k[i] == m[0]&&k[i + 1] == m[1])   cnt ++ ;
          i ++ ;
     }
     return cnt;
```

```
}
Str::Str(char *p, char *sub)
{
        strcpy(k,p);
        strcpy(m,sub);
}
int main()
{
        char a[1000],b[3];
        int c;
        cout <<"输入一个字符串 :";
        cin.getline(a,30);
        cout <<"输入一个两个字符的子串 :";
        cin >> b;
        Str str(a,b);
        c = str.count();
        cout <<"共有"<< c <<"个字符串"<< endl;
        return 0;
}
```

程序运行结果，如图 2.6 所示。

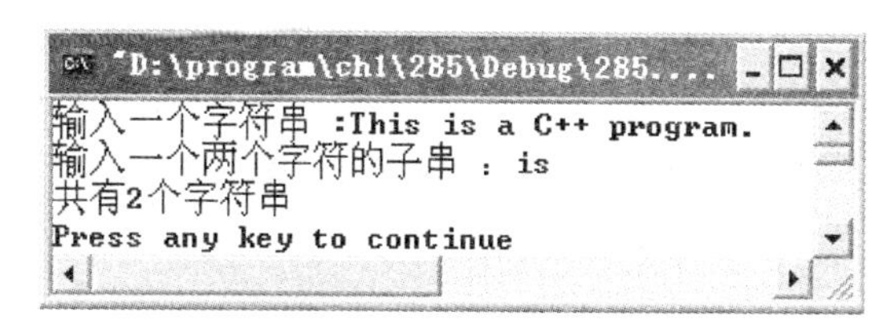

图 2.6　例 2.5 程序运行结果图

知识要点分析　在类 Str 中声明了一个构造函数"Str(char *p,char *sub)"，该函数用来初始化类中的私有数据成员，存放字符串的字符数组 k[1000]和长度为 2 的子串字符数组 m[3]，语句"strcpy(k,p);"把指针变量 p 所指向的字符串复制给 k，同理语句"strcpy(m,sub);"将指针变量 sub 所指向的字符串复制给 m；函数"int count()"用来计算子串 m 在字符串 k 中出现的次数，其中 while 循环是主要的功能语句，语句"if(k[i] == m[0] && k[i+1] == m[1]) cnt++;"就是在字符串 k 中寻找所有与子串相同的字符串，并记录找到的次数。

2.10.6　使用对象数组处理三个学生的成绩

例 2.6　案例描述　定义学生对象数组，使用"1001，张三，70"，"1002，李四，80"，"1003，王五，90"三位同学的信息初始化对象数组，然后求这三名同学成绩之和并输出。

案例实现

```
# include < iostream >
```

```
using namespace std;
class Student
{
   private:
       char xh[5],xm [5];
       float cj;
   public:
       Student(char x[ ],char y[ ],float z);
       float stu();
};
Student::Student(char x[ ],char y[ ],float z)
{
     strcpy(xh,x);                      //将传递过来的学号复制给 xh
     strcpy(xm,y);                      //将传递过来的姓名复制给 xm
     cj = z;
}
float Student::stu()
{
     return cj;
}
int main()
{
     Student k[3] = {Student("1001","张三",70),Student("1002","李四",80),
     Student("1003","王五",90)};
     int i,s = 0;
     for(i = 0;i<3;i ++ )
     {
          s + = k[i].stu();
     }
     cout <<"s = "<< s << endl;
     return 0;
}
```

程序运行结果,如图 2.7 所示.

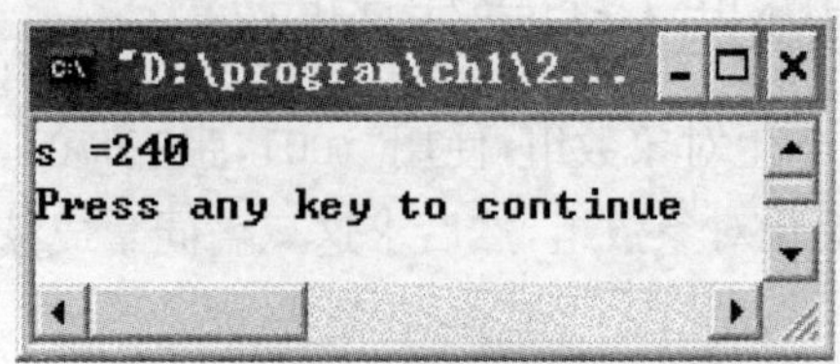

图 2.7 例 2.6 程序运行结果截图

知识要点分析　在主函数中语句“Student k[3]={Student("1001","张三",70),Student("1002","李四",80),Student("1003","王五",90)};”表示定义一个对象数组,并且由系统按照语句中给出的具体数据自动调用构造函数对Student[0]、Student[1]和Student[2]分别进行了初始化.语句“s+=k[i].stu();”调用Student类的成员函数stu,通过它返回的成绩来求和.

2.10.7　用指向对象数组的指针变量求三个学生的成绩和

例2.7　案例描述　通过对象数组和指针变量,输出三个学生的学号、姓名、成绩,然后求出三个学生的成绩和并输出.

案例实现

```
#include<iostream>
using namespace std;
class Student
{
  public:
      char xh[5];
      char xm[10];
      float cj;
  public:
      Student(char pxh[ ],char pxm[ ],float pcj);
};
Student::Student(char pxh[ ],char pxm[ ],float pcj)
{
      strcpy(xh,pxh);
      strcpy(xm, pxm);
      cj=pcj;
}
int main()
{
      Student stu[3]={Student("1001","张三",80),Student("1002","李四",90),
Student("1003","王五",70)};
      Student *p;           //定义指向Student类对象的指针变量p
      int i,sum=0;
      p=&stu[0];
                            //用对象数组中首元素stu[0]的地址为指针变量p赋初值
      for(i=0;i<3;i++)
      {
          //指向对象数组的指针变量的第一种用法:
          /*  cout<<"学号="<<(*(p+i)).xh<<endl;
```

```
            cout <<"姓名 ="<< ( * (p + i)).xm << endl;
            cout <<"成绩 ="<< ( * (p + i)).cj << endl;
            sum + = ( *(p+ i)). cj;   * /
        //指向对象数组的指针变量的第二种用法:
        /* cout <<"学号 = "<<( *p). xh << endl;
            cout <<"姓名 = "<<( *p). xm << endl;
            cout <<"成绩 = "<<( *p).cj << endl;
            sum + = ( *p).cj;
            p ++ ;              * /
        //指向对象数组的指针变量的第三种用法:
           cout <<"学号 ="<< p -> xh << endl;
           cout <<"姓名 ="<< p -> xm << endl;
           cout <<"成绩 ="<< p -> cj << endl;
           sum + = p -> cj;
           p ++ ;
    }
    cout <<"总分为:"<< sum << endl;
    return 0;
}
```

程序运行结果,如图 2.8 所示。

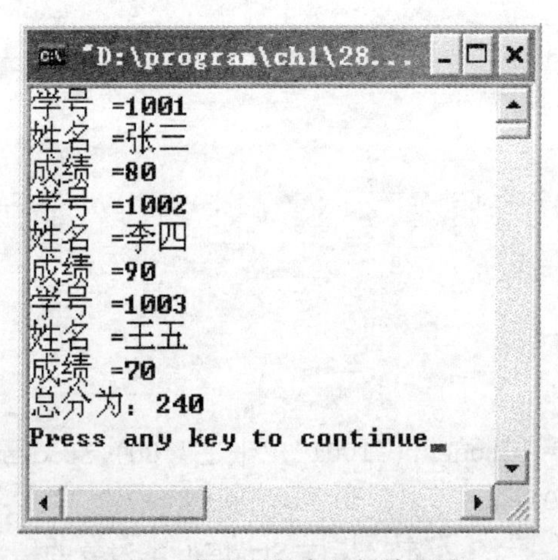

图 2.8　例 2.7 程序运行结果图

知识要点分析　主函数中“Student *p;”语句定义了一个指向 Student 类对象的指针变量;在使用语句“p=&stu[0];”对指针变量 p 赋值后,就可以使用 p 访问对象数组中的元素了,其形式与普通数组类似。这里在 for 循环中分别使用了三种方式访问数组对象的各数据成员,其中第一种方式与指向普通数据的指针变量类似,p+i 就是数组中第 i 个元素的地址,只是在访问对象数组中某个元素的数据成员时还需要使用“.”运算符;第二种方式与第一种类似,但是千万不能忘记语句“p++;”,注意这里的++所加的 1 是一个 Student 类对象所占用的总的字节数;第三种方式是以后我们最常使用的方式,它使用了"->"运算符,可以通过指向对象的指针变量直接引用对象的数据成员,非常方便、简洁。

2.10.8　指向对象的指针变量和指向对象成员的指针变量

例 2.8　案例描述　分别定义指向对象的指针变量、指向对象数据成员的指针变量和指向对象成员函数的指针变量,并使用这些指针变量解决问题。

案例实现

```
#include <iostream>
using namespace std;
class Time
{
  public:
    Time(int,int,int);               //声明构造函数
    int hou;
    int min;
    int sec;
    void get_time();                 //声明公有成员函数
};
Time::Time(int h,int m,int s)        //定义构造函数
{
    hou = h;
    min = m;
    sec = s;
}
void Time::get_time()                //定义公有成员函数
{
    cout << hou <<":"<< min <<":"<< sec << endl;
}
int main()
{
    Time t1(10,13,56);        //定义 Time 类对象 t1
    int *p1 = &t1.hou;
                        //定义指向整型数据的指针变量 p1,并使 p1 指向 t1.hou
    cout << *p1 << endl;      //输出 p1 所指向的数据成员 t1.hou
    t1.get_time();            //调用对象 t1 的成员函数 get_time
    Time *p2 = &t1;
                        //定义指向 Time 类对象的指针变量 p2,并使 p2 指向 t1
    p2 -> get_time();         //调用 p2 所指向对象(即 t1)的 get_time 函数
    void  (Time:: *p3)();     //定义指向 Time 类公有成员函数的指针变量 p3
```

```
    p3 = &Time::get_time;
                            //将 Time 类公有成员函数 get_time 的入口地址赋值给 p3
    (t1.*p3)();
                          //通过对象 t1 调用 p3 所指向的成员函数(即 t1.get_time())
    return 0;
}
```

程序运行结果,如图 2.9 所示。

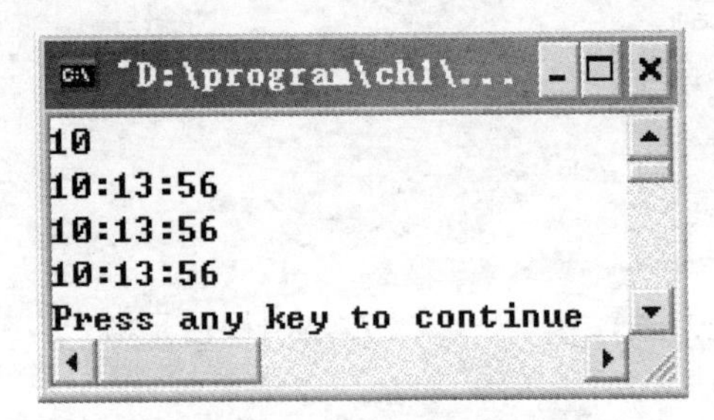

图 2.9 例 2.8 程序运行结果图

知识要点分析 在程序中分别定义了指向对象数据成员的指针变量 p1、指向对象的指针变量 p2 和指向成员函数的指针变量 p3;在"cout << *p1 << endl;"语句中必须保证 p1 所指向的数据成员是公有的,否则在类外无法访问;在语句"p2 -> get_time();"中调用类的公有成员函数时使用了"->"符号,注意其作用和使用方法;在语句"(t1.*p3)();"中注意使用指向类的成员函数的指针变量调用类的成员函数的方式,一定不能直接使用"(*p3)();"的方式,想一想为什么?

2.10.9 this 指针

例 2.9 案例描述 计算长方体体积。

案例实现

```
# include < iostream >
using namespace std;
class Box
{
   public :
      Box(int h = 10, int w = 12, int len = 15):height(h), width(w), length(len)
      { }
       int volume();
   private :
       int height;
       int width;
       int length;
};
```

```
int Box::volume()
{
    return (height * width * length);
}
int main()
{
    Box a(10,12,15);    //定义对象 a,调用构造函数 Box
    Box b(15,18,20);    //调用构造函数 Box
    Box c(16,20,26);    //调用构造函数 Box
    cout <<"volume of a is"<< a.volume()<< endl;
    cout <<"volume of b is"<< b.volume()<< endl;
    cout <<"volume of c is"<< c.volume()<< endl;
    return 0;
}
```

程序运行结果,如图 2.10 所示。

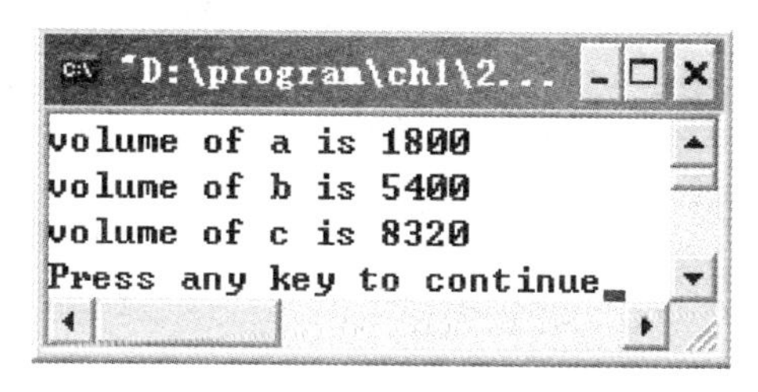

图 2.10　例 2.9 程序运行结果图

知识要点分析　当通过 a.volume()调用成员函数时,编译系统将把对象 a 的起始地址赋给 this 指针,于是在成员函数 volume()中引用数据成员时,就按照 this 指针的指向找到对象 a 的数据成员,如执行 a.volume()函数时计算 height * width * length 的值,实际上是执行(this -> height) * (this -> width) * (this -> length),由于当前 this 指针是指向对象 a 的,相当于执行(a.height) * (a.width) * (a.length),计算出的长方体体积当然就是对象 a 所代表的长方体的体积。同样执行 b.volume()时,编译系统就把对象 b 的起始地址赋给成员函数 volume 的 this 指针,显然计算出来就是对象 b 所代表的长方体的体积,对象 c 也是同理。从成员函数的角度考虑,原本函数 volume 定义如下:

```
int Box::volume()
{  return(height * width * length);  }
```

实际C++把它处理为如下形式:

```
int Box::volume(Box  * this)
{  return(this -> height  *  this -> width  *  this -> length);  }
```

即在成员函数的形参列表中增加一个当前类类型的 this 指针变量。在调用该成员函数时,实际调用方式是 a.volume(&a),即将对象 a 的地址传递给形参 this 指针,然后函数体中按

this 指针的指向去引用相应对象的数据成员。需要特别说明的是以上这些工作都是编译系统自动实现的,不需要编程者人为地在形参中增加 this 指针,也不必将对象 a 的地址传给 this 指针。当然在实际需要的时候也允许显式地使用 this 指针。例如在 Box 类的 volume 函数中,下面两种表示方法都是合法的,它们相互等价。

```
return(height * width * length);                        //隐含使用 this 指针
return(this -> height * this -> width * this -> length); //显式使用 this 指针
```

2.10.10 静态数据成员和静态成员函数

例 2.10 案例描述 定义一个 Dog 类,它用静态数据成员 dogs 记录 Dog 个体的数目,用静态成员函数 getDogs 来存取 dogs。请设计并测试这个类。

案例实现

```
#include <iostream>
using namespace std;
class Dog
{
   private:
       static int dogs;             //静态数据成员,记录 Dog 个体的数目
   public :
       Dog()  { }
       void setDogs(int a)
       {
        dogs = a;
       }
       static int getDogs()         //静态成员函数,返回 Dog 个体的数目
       {
           return dogs;
       }
  };
int Dog::dogs = 25;                 //在类体外初始化静态数据成员
int main()
{
     cout <<"未定义 Dog 类对象之前:dogs = "<< Dog::getDogs()<< endl;
                                    //dogs 在产生对象之前即存在,输出 25
     Dog a, b;
     cout <<"a 中 dogs:"<< a.getDogs()<< endl;
     cout <<"b 中 dogs:"<< b.getDogs()<< endl;
     a.setDogs(360);
     cout <<"给对象 a 中的 dogs 设置值后:"<< endl;
     cout <<"a 中 dogs:"<< a.getDogs()<< endl;
```

```
    cout <<"b 中 dogs:"<< b.getDogs()<< endl;
    return 0;
}
```

程序运行结果,如图 2.11 所示。

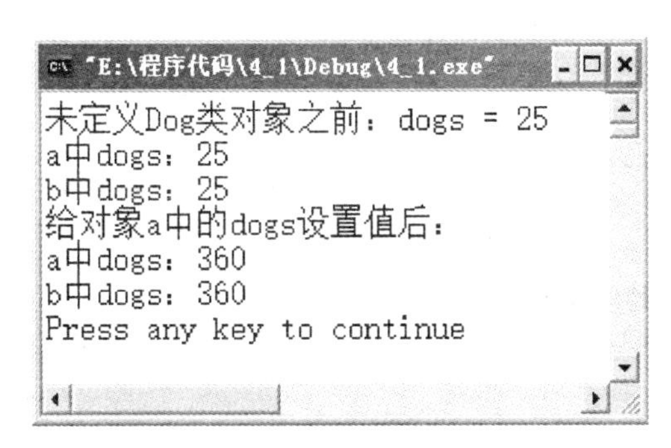

图 2.11　例 2.10 程序运行结果图

知识要点分析　此例使用了类的静态数据成员和静态成员函数。在定义类时,如果希望某个数据为所有对象共享,就可以将它定义为静态数据成员,静态数据成员并不只属于某个类对象,而是所有类对象都可以引用它,由所有类对象共享。静态数据成员不同于普通的数据成员,它在内存中只占用一份存储空间,而不是像普通数据成员那样,每个对象都分别为它保留一份存储空间,因而如果改变静态数据成员的值,各对象中这个数据成员的值都同时改变了。静态数据成员只能在类体外进行初始化,不能用参数初始化表的方式对静态数据成员进行初始化,如果未对静态数据成员初始化,则编译系统会自动将其赋值为 0。在本例中没有定义类对象 a 和 b 之前,静态数据成员 dogs 的值就被初始化为 25,分别定义了类对象 a 和 b 之后,因为它们的构造函数中都没有改变 dogs 的值,所以 dogs 的值仍为 25;但在执行"a.setDogs(360);"语句之后,dogs 的值变为 360,此时无论通过对象 a 还是 b 调用 getDogs()函数得到 dogs 的值都是 360。在类中声明函数时,如果在函数类型前加上关键字 static,则该函数为静态成员函数,它与非静态成员函数的根本区别是,非静态成员函数有 this 指针,而静态成员函数没有 this 指针,因此静态成员函数不能访问本类中的所有非静态数据成员。在本例中,静态成员函数 getDogs()中只引用了静态数据成员 dogs。

2.10.11　友元函数

例 2.11　案例描述　定义复数 Complex 类,用成员函数实现两个复数的加法运算,用友元函数实现两个复数的减法运算,并测试比较成员函数和友元函数的区别。

案例实现

```
# include < iostream >
class Complex                                    //声明复数类
{
    private:
        int real, imag;                          //私有数据成员
    public:
```

```
        Complex (int r = 0,int i = 0):real(r),imag(i) {};
                                                    //构造函数,使用参数初始化表方式
        Complex add (Complex c1);
                                                    //成员函数实现复数加法运算
        friend Complex sub (Complex c1,Complex c2);
                                                    //友元函数实现复数减法运算
        void display();
                                                    //成员函数实现复数输出
};
Complex Complex::add(Complex c1)
                                                    //定义实现复数加法的成员函数
{
    Complex c;
    c.real = real + c1.real;
                                                    //直接使用类中私有数据成员 real
    c.imag = imag + c1.imag;
                                                    //直接使用类中私有数据成员 imag
    return c;
}
Complex sub(Complex c1,Complex c2)
                                                    //定义实现复数减法的友元函数
{
    Complex c;
    c.real = c1.real - c2.real;
                                                    //直接使用类中私有数据成员 real
    c.imag = c1.imag - c2.imag;
                                                    //直接使用类中私有数据成员 imag
    return c;
}
void Complex::display()
                                                    //定义实现复数输出的成员函数
{
    cout << real;
    if(imag >= 0)   cout << " + " << imag << "i";
    else            cout << imag << "i";
    cout << endl;
}
int main()
{
```

```
    Complex c1(1,2), c2(3,4), c3, c4;
    c3 = c2.add(c1);
    cout <<"c2 + c1 = ";
    c3.display();
    c4 = sub(c2,c1);
    cout <<"c2 - c1 = ";
    c4.display();
    return 0;
}
```

程序运行结果，如图 2.12 所示。

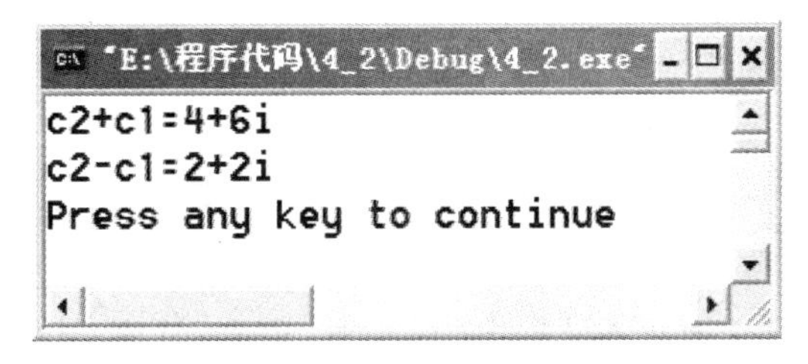

图 2.12　例 2.11 程序运行结果图

知识要点分析　类中声明函数时，在函数类型前加关键字 friend 即表明该函数为此类的友元函数，友元函数虽然在类的内部声明，却并非此类的成员函数，但是因为它与类是朋友关系，所以类允许其访问类中所有成员，包括私有和保护成员。本例中使用了一个成员函数 add 实现复数的加法操作，一个非成员函数 sub 作为 Complex 类的友元函数实现复数的减法操作，可以发现两个函数均声明在 Complex 类的内部，都定义在 Complex 类的外部，两个函数均可以直接访问类的私有数据成员 real 和 imag；但是在类体外定义时，add 函数的函数名前冠以"Complex::"，因为它是类的成员函数，而 sub 函数则不需要，且 add 函数只有一个形参，而 sub 函数有两个形参，正如例 2.9 所述，实际上 add 函数中隐含着一个 this 指针，add 函数的函数首部实际是"Complex Complex::add(Complex * this, Complex c1)"，函数体中实现加法操作的两条语句实际上是"c.real = this -> real + c1.real;"和"c.imag = this -> imag + c1.imag;"。

2.10.12　类模板

例 2.12　案例描述　定义一个模板类 Point，计算两点间的距离。

案例实现

```
# include < iostream >
# include < cmath >
using namespace std;
template < class T >
class Point{
        T x, y;
```

```
    public:
            Point(){}
            Point(T a,T b):x(a),y(b){}
            T getX()
            {
                return x;
            }
            T getY()
            {
                return y;
            }
            T distance(Point &);
};
template <class T>
T Point<T>::distance(Point & p){
T temp = (this -> x - p.getX()) * (this -> x - p.getX()) + (this -> y - p.getY()) *
(this -> y - p.getY());
return sqrt(temp);
}
int main()
{
    Point<int> p1(0,0);
    Point<int> p2(3,4);
    cout <<"两点间的距离是:"<< p1.distance(p2);
    return 0;
}
```

程序运行结果,如图 2.13 所示。

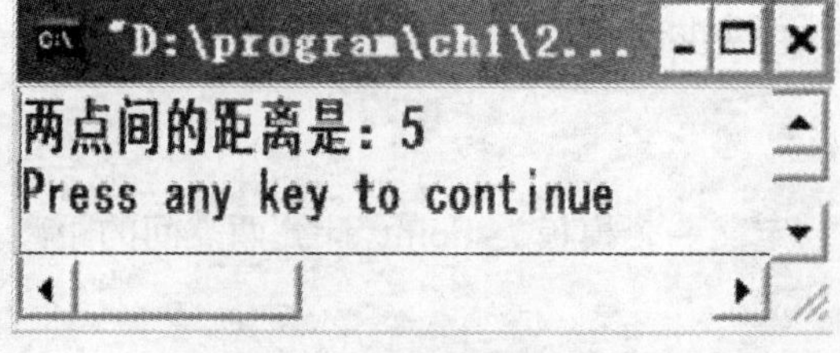

图 2.13　例 2.12 程序运行结果图

知识要点分析　此例重点在于类模板定义、在类外定义成员函数的方法以及如何通过类模板来定义对象。对于两点间距离的求解需要使用 cmath 中的 sqrt 方法，所以需要在预处理中将 cmath 文件包含进来，Point 对象的 x，y 轴坐标可以是 int，double，float 等基本类型，distance 函数只能处理相同类型两点间的距离。

2.10.13 综合案例

例 2.12 案例描述 “聪明的老鼠”:有一只猫每天可以抓到很多老鼠,它在吃老鼠时习惯将抓到的所有老鼠排队,然后将其中奇数位置的老鼠吃掉,剩下的老鼠保持顺序不变,仍然是吃掉其中奇数位置上的老鼠,如此反复,直至剩下最后一只老鼠为止。剩下的这只老鼠将会在第二天和新抓到的老鼠一起排队,再次吃掉其中奇数位置的老鼠,如此反复。然而,有一天这只猫发现一连几天,幸存下来的都是同一只机灵的小老鼠。请问这只聪明的小老鼠是如何避免被吃掉的命运的呢?

案例实现

第一种方法:假设每天新抓到的老鼠有 n 只,那么就会有 $n+1$ 只老鼠进行排队。利用长度为 $n+1$ 的整型数组分别代表 $n+1$ 只老鼠,数组元素的值是 0 代表这只老鼠被吃掉了,是 1 代表这只老鼠在这一轮幸存下来了,被吃掉后的老鼠不占位置,只排队未被吃掉的老鼠,重复上述过程直至只剩下一只老鼠为止,该老鼠所在的数组中幸免于难的位置就是所求的聪明小老鼠避免被吃掉时应占据的位置。

程序的实现流程可以描述如下,流程图如图 2.14 所示。

(1) 初始化数组,将数组中所有元素的值置为 1,表示老鼠未被吃掉,对 $n+1$ 个老鼠进行排队;

(2) 对数组中值为 1 的数组元素计数,将其中计数值为奇数的数组元素置 0,表示老鼠吃掉;

(3) 重复上述过程(2),直至数组中只剩下一个值为 1 的数组元素为止,该元素即为幸运老鼠;

(4) 数组中值为 1 的数组元素所在的位置,即为聪明小老鼠在排队时为避免被吃掉所应占据的位置,输出该位置。

第二种方法:因为每次只能是偶数位置的老鼠幸存下来,那么聪明的小老鼠,其初始位置一定是 2 的 k 次幂,并且其值一定要最接近于总的老鼠数量即 $n+1$,这样就可以求得 $k=\log_2(n+1)$,从而得到聪明的小老鼠排队时应在什么位置,才会避免被吃掉。程序的实现流程可以描述如下:

(1) 计算 k 的值,得到幸存老鼠所在位置;

(2) 输出该位置。

具体程序代码如下:

```
# include < iostream >
# include < math >
using namespace std;
```

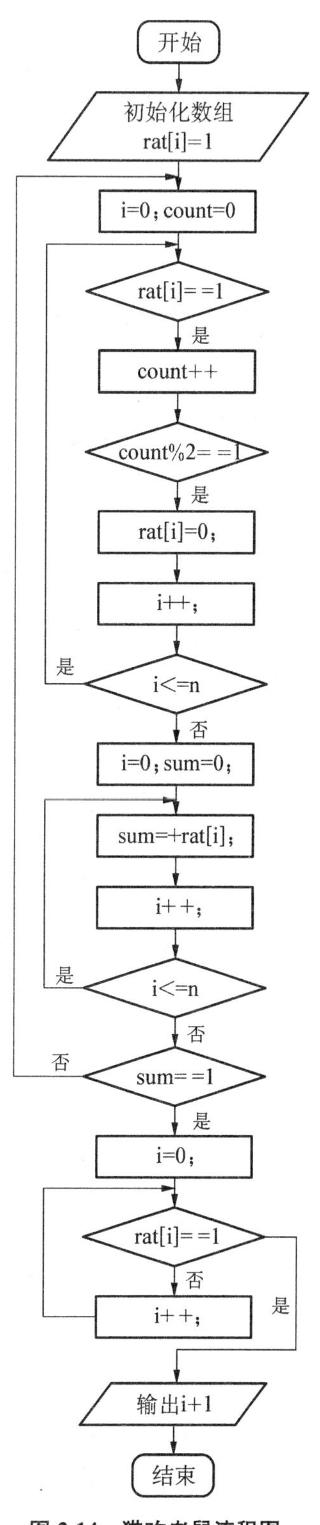

图 2.14 猫吃老鼠流程图

```
class Cat_rat
{    public:
        int lookleft1(int);     //查找最后剩下的老鼠的初始位置,方法一
        int lookleft2(int);     //查找最后剩下的老鼠的初始位置,方法二
     private:
     int *rat;                  //指向存放老鼠信息数组的指针
     int count;                 //指向老鼠报数的计数器
};
int Cat_rat::lookleft1(int n)
{
     int i,sum;
     rat = new int[n+1];
                          //开辟长度为 n+1 的动态数组空间,将首地址赋值给 rat
     for(i=0;i<=n;i++)          //初始状态下,为给每个老鼠设置未被吃掉的标记 1
         rat[i]=1;
     do                         //吃老鼠的过程转换,奇数号老鼠被吃掉
     {
         i=0;
         count=0;
         do
         {
             if(rat[i]==1)       count++;
                                //count 中记录活着的老鼠是第几只
             if(count%2==1)      rat[i]=0;
                                //如果 count 为奇数,则该老鼠被吃掉,置标志 0
                i++;
         }while(i<=n);          //完成一轮吃老鼠的过程
         i=0;
         sum=0;                 //用于记录剩余老鼠只数
         do                     //统计剩余老鼠只数 sum
         {
             sum=sum+rat[i];
                                //标志为 1 的表示未被吃掉,累加才有意义
                i++;
         }while(i<=n);
    }while(sum!=1);
                                //如果 sum 的值不为 1 重复上述过程,如果为 1 停止
    for(i=0;;i++)
                                //sum 若为 1,查看幸存的老鼠的初始位置
```

```
    {
        if(rat[i]==1)
                                    //只能有一个位置的老鼠标志为 1
        {return i+1;
                                    //因数组下标从 0 开始,故 i+1 是所需的初始位置
            break;
        }
    }
}
int Cat_rat::lookleft2(int n)
{
    int m,k;
    m=n+1;                          //参与排队的老鼠共 n+1 只
    k=0;
    do                              //计算 k 的值
    {
        k++;
        m/=2;
    }while(m/2>0);
    m=1;
    while(k-->0)  m*=2;
                                    //通过 k 的值计算幸存老鼠的初始位置
    return m;
}
int main()
{
    int n;
    Cat_rat newday;
    cout<<"猫每天捉到的新老鼠的个数为:";
    cin>>n;
    cout<<"总的老鼠个数为:"<<n+1<<endl;
    cout<<"每天都能留下来的小老鼠所在的位置为:"<<endl;
    cout<<"解法一:"<<newday.lookleft1(n)<<endl;
    cout<<"解法二:"<<newday.lookleft2(n)<<endl;
    return 0;
}
```

程序运行结果,如图 2.15 所示。

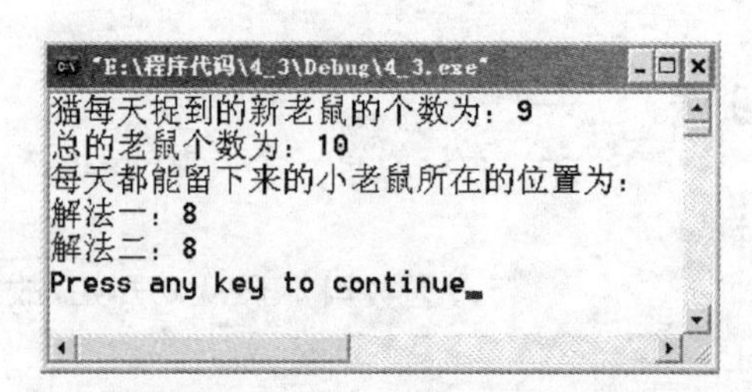

图 2.15 例 2.13 程序运行结果图

习 题

一、选择题

1. 下列有关类的说法不正确的是（ ）。

A. 类是一种用户自定义的数据类型

B. 只有类中的成员函数才能存取类中的私有数据

C. 在类中，如果不作特别说明，所有数据成员均为私有类型

D. 在类中，如果不作特别说明，所有成员函数均为公有类型

2. 对于结构体中定义的任何成员，其隐含访问权限为（ ）。

A. private　B. public　C. protected　D. 任何

3. 下列有关类和对象的说法中，正确的是（ ）。

A. 类与对象没有区别

B. 要为类和对象分配存储空间

C. 对象是类的实例，为对象分配存储空间而不为类分配存储空间

D. 类是对象的实例，为类分配存储空间而不为对象分配存储空间

4. 已声明 A 类中有公有 int 型数据成员 x，若有定义 A a; int *p=&a.x;则下面引用对象 a 的数据成员 x 的方法中正确的是（ ）。

A. *p　B. a.(*p)　C. a.*p　D. (*p).x

5. 已声明 A 类中有公有成员函数 void fun()，若有定义 void(A::*pa)()=&A::fun;则下面对 a 对象的 fun 函数的调用不正确的是（ ）。

A. a.fun()　B. a.pa()　C. (a.*pa)()　D. pa->fun()

6. 已知 p 是一个指向类 A 公有数据成员 m 的指针变量，a1 是类 A 的一个对象。如果要给 m 赋值为 5，下列方法中正确的是（ ）。

A. a1.p=5　B. a1->p=5　C. a1.*p=5　D. *a1.p=5

7. 下列函数中不是类的成员函数的是（ ）。

A. 构造函数　B. 析构函数　C. 友元函数　D. 拷贝构造函数

8. C++中的一个类（ ）。

A. 只能有一个构造函数和一个析构函数

B. 可以有一个构造函数和多个析构函数

C. 可以有多个构造函数和一个析构函数

D. 可以有多个构造函数和多个析构函数

9. 以下关于类的成员函数的特征描述中,不正确的是(　　)。

A. 成员函数一定是内置函数　　B. 成员函数可以重载

C. 成员函数可以设置参数的默认值　　D. 成员函数可以是静态的

10. 关于类的成员函数,下列说法中不正确的是(　　)。

A. 除析构函数外,类的成员函数均可以重载

B. 除析构函数外,类的成员函数均可以带缺省参数

C. 类的成员函数可以定义在类体内,也可定义在类体外

D. 类的成员函数也是类的友元函数

11. 下列关于类的构造函数和析构函数的叙述中,不正确的是(　　)。

A. 类的析构函数可以重载

B. 类的构造函数可以重载

C. 定义一个类时可以不显示定义构造函数

D. 定义一个类时可以不显示定义析构函数

12. 假定 AAA 为一个类,则执行 AAA a(2012);语句时,系统将自动调用该类的(　　)。

A. 有参构造函数　　B. 无参构造函数

C. 拷贝构造函数　　D. 赋值构造函数

13. 若有类的声明如下

```
class Myclass
{
    public:
        Myclass()  { cout << 1; }
};
```

则执行语句 Myclass a,b[2],*p[2];后,程序的输出结果是(　　)。

A. 11;　　B. 111;　　C. 1111;　　D. 11111;

14. 执行以下程序的输出结果是(　　)。

```
# include < iostream >
using namespace std;
class Point
{
    public:
        static int number;
        Point(){ number ++ ; }
        ~Point(){ number -- ; }
};
int Point::number = 0;
int main()
{
```

```
    Point *ptr;
    Point A,B;
    {
        Point *ptr_point = new Point[3];
        ptr = ptr_point;
    }
    Point C;
    Cout << Point ::number << endl;
    delete [ ] ptr;
    return 0;
}
```

A. 3;　　B. 4;　　C. 6;　　D. 7;

15. 对于一个类的定义，以下叙述中不正确的是(　　)。

A. 如果没有定义拷贝构造函数，编译器将生成一个拷贝构造函数

B. 如果没有定义缺省的构造函数，编译器一定将生成一个缺省的构造函数

C. 如果没有定义构造函数，编译器将生成一个缺省的构造函数和一个拷贝构造函数

D. 如果已经定义了构造函数和拷贝构造函数，编译器不会生成任何构造函数

二、填空题

1. 在用 class 定义一个类时，数据成员和成员函数的默认访问权限是__________。

2. C++支持面向对象程序设计的三个要素是：__________、__________和__________。

3. 写出以下程序输出的第一行和第二行分别是__________和__________。

```
# include< iostream >
using namespace std;
class Sample
{
        int x;
    public:
        Sample (int a)      {  x = a;  }
        friend double square(Sample  &s);
};
double square (Sample & s)  {  return s.x * s.x;  }
int main ()
{
    Sample s1(20);
    Sample s2(30);
    cout <<"s1.square = "<< endl;
    cout <<"s2.square = "<< endl;
```

```
        return 0;
}
```

4. 下列程序执行后的输出结果为 10，试将划线处的语句补充完整。

```
#include <iostream>
using namespace std;
class My
{
        ________:
        My (int x):val(x)  {  }        //构造函数
        void Print();
        private:
            int ________;
};
void  ________Print ()
{  cout << val << endl;  }
int main()
{
        My x(10);
        x.Print();
        return 0;
}
```

5. 已知 Test 类的声明，现要定义 Test 类的对象 t，使得 t.a=10，并利用 show 函数输出 t.a 的值，试完善程序。

```
#include <iostream>
using namespace std;
class Test
{
            int a;
        public:
            Test(int);
            void show();
};
Test::Test(int n)    { a=n; }
________show()   { cout << a << endl; }
int main()
{
  ____________________;
  ____________________;
  return 0;
```

```
}
```

6. 以下程序输出结果的第一行是________________,第二行是________________,第三行是________________,第四行是________________,第五行是________________,第六行是________________。

```
# include < iostream >
using namespace std;
class Sample
{
    private:
        int a,b;
    public:
        Sample()
        {
          a = 0;
          b = 0;
          cout <<"调用了构造函数 a = "<< a <<",b = "<< b << endl;
        }
        Sample(int x)
        {
          a = x;
          b = 0;
          cout <<"调用了构造函数 a = "<< a <<",b = "<< b << endl;
        }
        Sample(int x,int y)
        {
          a = x;
          b = y;
          cout <<"调用了构造函数 a = "<< a <<",b = "<< b << endl;
        }
        Sample()
        {
          cout <<"调用了构造函数 a = "<< a <<",b = "<< b << endl;
        }
}
int main()
{
  Sample s1,s2(10),s3(20,30);
  return 0;
}
```

7. 若有S类的声明如下，则执行语句“S a(4),b[3], *p;”，S类的构造函数被调用________次。

```
Class S
{
    public:
      S(int t=1);
};
```

8. 以下程序输出结果的第一行是________，第二行是________，第三行是________，第四行是________，第五行是________，第六行是________。

```
#include<iostream>
using namespace std;
class A
{
        int a,b;
    public:
        A(int x=10,int y=20)
        {
            a=x;b=y;
            cout<<"A:Constructor"<<a<<endl;
        }
        void print()
        {
            cout<<"a="<<a<<"b="<<b<<endl;
        }
        ~A()
        {
            cout<<"A:Destructor"<<a<<endl;
        }
};
int main()
{
        A *p1=new A;
        p1->print();
        A *p2=new A(5,10);
        p2->print();
        delete p1;
        delete p2;
        return 0;
```

```
}
```

9. 以下程序输出结果的第一行是__________，第二行是__________，第三行是__________。

```
# include< iostream >
using namespace std;
class One
{
        int a;
    public:
        static int b;
        One(int x)
        {
          a = x;
          b + = a;
        }
        void show()
        {
            cout << b << endl;
        }
    };
    int One::b = 10;
    int main()
    {
            One e(20);
            e.show();
            One e1(300);
            e1.show();
            e.show();
            return 0;
    }
```

10. 以下程序输出的第一行、第二行和第三行分别是__________、__________、__________。

```
# include< iostream >
using namespace std;
class S
{
        int x;
    public:
        S(int a)        { x = a; }
```

```
        S(S &a)           { x = a.x + 1; }
        void show()       { cout <<"x = "<< x << endl; }
};
int main()
{
    S s1(2), s2 = s1;
    s1.show();
    s2.show();
    s1 = s2;
    s1.show();
    return 0;
}
```

三、编程题

声明一个长方形类 Rect，数据成员包括长方形的长(len)和宽(width)，成员函数包括设置长方形的长和宽的函数 set_rect(float, float)、输出长方形长和宽的函数 show_rect()以及求长方形面积的函数 area()。

微信扫码
习题答案 & 相关资源

第 3 章

运算符重载

3.1 什么是运算符重载

在C++中，所有的系统预定义运算符都是通过运算符函数来实现的。运算符重载就是把传统的运算符用于用户自定义的对象，即对一个已有的函数赋予新的含义，类似于函数重载。实际上，我们已经在不知道不觉中使用了运算符重载，如加号“+”，对整数、单精度和双精度数都可以进行运算，这就是同一个符号具有多种功能，也就是运算符重载。但如果两个复数对象想进行加法运算，此时加号“+”就不具备这样的功能，这时就需要我们赋予加号“+”新的功能，这就是本章要讨论学习的内容。

3.2 运算符重载规则

(1) C++不允许用户自已定义新的运算符，只能对已有的 C++运算符进行重载。

(2) C++中绝大部分的运算符允许重载。具体规定见表 3.1。

表 3.1 C++允许重载的运算符

<table>
<tr><td>双目算术运算符</td><td>+(加)，-(减)，*(乘)，/(除)，%(取模)</td></tr>
<tr><td>关系运算符</td><td>==(等于)，!=(不等于)，<(小于)，>(大于)，<=(小于等于)，>=(大于等于)</td></tr>
<tr><td>逻辑运算符</td><td>||(逻辑或)，&&(逻辑与)，!(逻辑非)</td></tr>
<tr><td>单目运算符</td><td>+(正)，-(负)，*(指针)，&(取地址)</td></tr>
<tr><td>自增自减运算符</td><td>++(自增)，--(自减)</td></tr>
<tr><td>位运算符</td><td>|(按位或)，&(按位与)，~(按位取反)，^(按位异或)，<<(左移)，>>(右移)</td></tr>
<tr><td>赋值运算符</td><td>=，+=，-=，*=，/=，%=，&=，|=，^=，<<=，>>=</td></tr>
<tr><td>空间申请与释放</td><td>new，delete，new[]，delete[]</td></tr>
<tr><td>其他运算符</td><td>()(函数调用)，->(成员访问)，->*(成员指针访问)，，(逗号)，[](下标)</td></tr>
</table>

不能重载的运算符只有5个：·（成员访问运算符）；.*（成员指针访问运算符）；::（域运算符）；sizeof（长度运算符）；?:（条件运算符）。前两个运算符不能重载是为了保证访问成员的功能不能被改变，域运算符和sizeof运算符的运算对象是类型而不是变量或一般表达式，不具重载的特征。

(3) 重载不能改变运算符运算对象（即操作数）的个数。

(4) 重载不能改变运算符的优先级别。

(5) 重载不能改变运算符的结合性。

(6) 重载运算符的函数不能有默认的参数，否则就改变了运算符参数的个数，与前面第(3)点矛盾。

(7) 重载的运算符必须和用户定义的自定义类型的对象一起使用，其参数至少应有一个是类对象（或类对象的引用）。也就是说，参数不能全部是C++的标准类型，以防止用户修改用于标准类型数据的运算符的性质。

(8) 用于类对象的运算符一般必须重载，但有两个例外，运算符“=”和“&”不必用户重载。

① 赋值运算符(=)可以用于每一个类对象，可以利用它在同类对象之间相互赋值。

② 地址运算符(&)也不必重载，它能返回类对象在内存中的起始地址。

(9) 应当使重载运算符的功能类似于该运算符作用于标准类型数据时所实现的功能。

(10) 运算符重载函数可以是类的成员函数，也可以是类的友元函数，还可以是既非类的成员函数也不是友元函数的普通函数。

3.3 运算符重载方法

运算符重载的方法就是定义一个重载运算符的函数，在需要执行被重载的运算符时，系统就自动调用该函数，以实现相应的运算，也就是说，运算符重载是通过定义函数实现，运算符重载实质是函数的重载。运算符重载的函数一般格式如下：

```
函数类型 operator 运算符名称(形参列表)
{对运算符重载的处理}
```

其中operator是关键字，是专门用于定义运算符重载函数的，该函数的函数名是由operator和运算符组成的，如重载的是加号“+”，函数名即为operator+。

3.4 用成员函数实现运算符重载

3.4.1 用成员函数实现双目运算符重载

当用成员函数对双目运算符重载时，运算符重载的函数一般格式如下：

```
函数类型 operator 运算符名称(形参列表)
{对运算符重载的处理}
```

设有两个复数类Complex对象c1和c2需要进行加法运算即c1+c2，但加号“+”不具备这样的功能，这就需要对加号“+”进行重载，也就是要写一个运算符重载函数，根据成员函数实现双目运算符重载的一般格式，函数可以写成

```
Complex operator + (Complex c3)
{   函数体   }
```

说明：

(1) 形参列表有且仅有 1 个参数；

(2) 当程序执行到 c1＋c2 时，编译器会把“c1＋c2”转换成函数调用的形式，转换的规则是：将参加运算的左操作数作为调用运算符重载函数的对象，右操作数作为调用运算符重载函数的实参；根据转换规则“c1＋c2”被转换为“c1.operator＋(c2)”，这样表达式就和函数调用联系在一起了。

3.4.2 用成员函数实现单目运算符重载

当用成员函数对单目运算符重载时，运算符重载的函数一般格式如下：

```
函数类型 operator 运算符名称()
{对运算符重载的处理}
```

设有一个复数类 Complex 对象 c1 需要进行自增运算即 c1 ++，但自增运算符“++”不具备这样的功能，这就需要对自增运算符“++”进行重载，也就是要写一个运算符重载函数，根据成员函数实现单目运算符重载的一般格式，函数可以写成

```
Complex operator ++(  )
{   函数体   }
```

说明：

(1) 形参列表为空即没有参数；

(2) 当程序执行到 c1 ++时，编译器会把“c1 ++”转换成函数调用的形式，转换的规则是：将参加运算的操作数作为调用运算符重载函数的对象；根据转换规则“c1 ++”被转换为“c1.operator ++()”，这样表达式就和函数调用联系在一起了。

3.5 用友元函数实现运算符重载

3.5.1 用友元函数实现双目运算符重载

当用友元函数对双目运算符重载时，运算符重载的函数一般格式如下：

```
friend 函数类型 operator 运算符名称(形参列表)
{对运算符重载的处理}
```

设有两个复数类 Complex 对象 c1 和 c2 需要进行加法运算即 c1＋c2，但加号“＋”不具备这样的功能，这就需要对加号“＋”进行重载，也就是要写一个运算符重载函数，根据成员函数实现双目运算符重载的一般格式，函数可以写成

```
friend Complex operator + (Complex c1,Complex c2)
{   函数体   }
```

说明：

(1) 形参列表有且仅有 2 个参数；

(2) 当程序执行到 c1＋c2 时，编译器会把“c1＋c2”转换成函数调用的形式，转换的规则

是:将参加运算的左操作数作为调用运算符重载函数的第一个实参,右操作数作为调用运算符重载函数的第二个实参;根据转换规则"c1+c2"被转换为"operator+(c1,c2)",这样表达式就和函数调用联系在一起了。

3.5.2 用友元函数实现单目运算符重载

当用友元函数对单目运算符重载时,运算符重载的函数一般格式如下:

```
friend  函数类型  operator 运算符名称(形参列表)
{对运算符重载的处理}
```

设有一个复数类 Complex 对象 c1 需要进行自增运算即 c1 ++,但自增运算符"++"不具备这样的功能,这就需要对自增运算符"++"进行重载,也就是要写一个运算符重载函数,根据成员函数实现单目运算符重载的一般格式,函数可以写成

```
friend  Complex  operator ++ (Complex  c)
{  函数体  }
```

说明:

(1) 形参列表为空即没有参数;

(2) 当程序执行到 c1++时,编译器会把"c1++"转换成函数调用的形式,转换的规则是:将参加运算的操作数作为调用运算符重载函数的实参;根据转换规则"c1++"被转换为"operator ++ (c1)",这样表达式就和函数调用联系在一起了。

3.6 数据类型转换

3.6.1 用转换构造函数进行类型转换

C++还提供显式类型转换,程序人员在程序中指定将一种指定的数据转换成另一指定的类型,其形式为

类型名(数据)

如 int(89.5)其作用是将 89.5 转换为整型数 89。

对于用户自己声明的类型,编译系统并不知道怎样进行转换。解决这个问题的关键是让编译系统知道怎样去进行这些转换,需要定义专门的函数来处理。转换构造函数(conversion constructor function)的作用是将一个其他类型的数据转换成一个类的对象。

先回顾一下以前学习过的几种构造函数:

- 默认构造函数。以 Complex 类为例,函数原型的形式为

```
Complex(); //没有参数
```

- 用于初始化的构造函数。函数原型的形式为

```
Complex(double r,double i); //形参列表中一般有两个以上参数
```

- 用于复制对象的复制构造函数。函数原型的形式为

```
Complex (Complex &c); //形参是本类对象的引用
```

- 现在又要介绍一种新的构造函数——转换构造函数。

转换构造函数只有一个形参,如

```
Complex(double r) {real = r;imag = 0;}
```

其作用是将 double 型的参数 r 转换成 Complex 类的对象，将 r 作为复数的实部，虚部为 0。用户可以根据需要定义转换构造函数，在函数体中告诉编译系统怎样进行转换。在类体中，可以有转换构造函数，也可以没有转换构造函数，视需要而定。以上几种构造函数可以同时出现在同一个类中，它们是构造函数的重载。编译系统会根据建立对象时给出的实参的个数与类型选择形参与之匹配的构造函数。

使用转换构造函数将一个指定的数据转换为类对象的方法如下：

(1) 先声明一个类。

(2) 在这个类中定义一个只有一个参数的构造函数，参数的类型是需要转换的类型，在函数体中指定转换的方法。

(3) 在该类的作用域内可以用以下形式进行类型转换：

类名(指定类型的数据)

就可以将指定类型的数据转换为此类的对象。

不仅可以将一个标准类型数据转换成类对象，也可以将另一个类的对象转换成转换构造函数所在的类对象。如可以将一个学生类对象转换为教师类对象，可以在 Teacher 类中写出下面的转换构造函数：

```
Teacher(Student& s){num = s.num;strcpy(name, s.name);sex = s.sex;}
```

但应注意：对象 s 中的 num，name，sex 必须是公用成员，否则不能被类外引用。用转换构造函数可以将一个指定类型的数据转换为类的对象。但是不能反过来将一个类的对象转换为一个其他类型的数据(例如将一个 Complex 类对象转换成 double 类型数据)。

3.6.2 用类型转换函数进行类型转换

C++提供类型转换函数(type conversion function)来解决这个问题。类型转换函数的作用是将一个类的对象转换成另一类型的数据。如果已声明了一个 Complex 类，可以在 Complex 类中这样定义类型转换函数：

```
operator double()
{return real;}
```

类型转换函数的一般形式为

```
operator 类型名()
{实现转换的语句}
```

函数名前不能指定函数类型，函数没有参数。其返回值的类型是由函数名中指定的类型名来确定的。类型转换函数只能作为成员函数，因为转换的主体是本类的对象，不能作为友元函数或普通函数。从函数形式可以看到，它与运算符重载函数相似，都是用关键字 operator 开头，只是被重载的是类型名。double 类型经过重载后，除了原有的含义外，还获得新的含义(将一个 Complex 类对象转换为 double 类型数据，并指定了转换方法)。这样，编译系统不仅能识别原有的 double 型数据，而且还会把 Complex 类对象作为 double 型数据处理。那么程序中的 Complex 类对具有双重身份，既是 Complex 类对象，又可作为 double 类型数据。Complex 类对象只有在需要时才进行转换，要根据表达式的上下文来决定。转换构造函数和类型转换运算符有一个共同的功能：当需要的时候，编译系统会自动调用这些函数，建立一个无名的临时对象(或临时变量)。

3.7 本章案例

3.7.1 用成员函数实现双目运算符重载

例 3.1　案例描述　定义一个复数类 Complex，重载"+"运算符，使之能用于复数的加法和，用成员函数实现复数对象加法运算。

案例实现

```
#include <iostream>
using namespace std;
class Complex
{
private:
      int real,imag;
public:
      Complex(int r = 0,int i = 0);
      Complex operator + (Complex c1);
      void display();
};
Complex::Complex(int r,int i)
{
      real = r;
      imag = i;
}
Complex Complex::operator + (Complex c1)
{
      Complex c;
      c.real = real + c1.real;
      c.imag = imag + c1.imag;
      return c;
}
void Complex::display()
{
      cout << real;
      if(imag >= 0)
      {
            cout <<" + "<< imag <<"i";
      }
```

```
        else
        {
            cout << imag <<"i";
        }
        cout << endl;
    }
    int main()
    {
        Complex c1(1,2),c2(3,4),c3,c4;
        c3 = c2 + c1;
        cout <<"c2 + c1 = ";
        c3.display();
        return 0;
    }
```

程序运行结果,如图 3.1 所示。

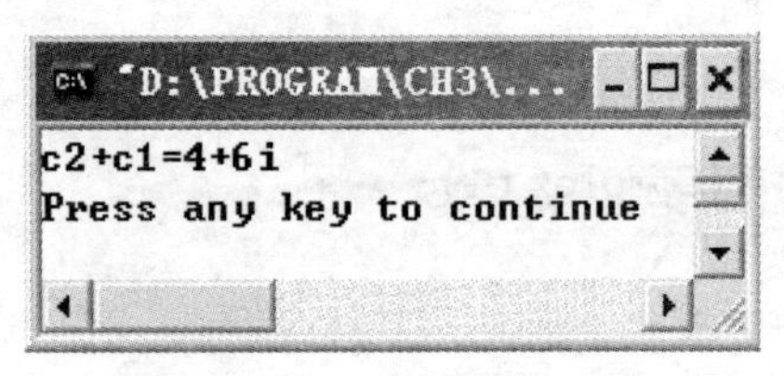

图 3.1 例 3.1 程序运行结果图

知识要点分析 声明一个复数类 Complex,类中设置两个私有数据 real 和 imag,分别表示复数的实部和虚部,类中声明成员函数 Complex operator+(Complex c1)用来实现复数加法运算。

3.7.2 用成员函数实现单目运算符重载

例 3.2 案例描述 定义一个复数类 Complex,重载"++"运算符,使之能用于复数的自加即实部和虚部分别自加,分别用成员函数实现"++"运算符前置运算和用成员函数实现"++"运算符后置运算。

案例实现

```
# include < iostream >
using namespace std;
class Complex
{
private:
    int real, imag;
public:
    Complex(int r = 0, int i = 0);
    Complex operator ++ ();
```

```
        Complex operator ++ (int);
        void display();
};
Complex::Complex(int r,int i)
{
        real = r;
        imag = i;
}
void Complex::display()
{
        cout << real;
        if(imag >= 0)
        {
                cout <<" + "<< imag <<"i";
        }
        else
        {
                cout << imag <<"i";
        }
        cout << endl;
}
Complex Complex::operator ++ ()
{
        ++ real;
        ++ imag;
        return *this;
}
Complex Complex::operator ++ (int)
{
        Complex ct = *this;
        real ++;
        imag ++;
        return ct;
}
int main()
{
        Complex c1(1,2),c2(3,4),c3,c4;
        c3 = ++c1;
        cout <<"c1 = ";c1.display();
```

```
        cout <<"c3 = ";c3.display();
        c4 = c2 ++ ;
        cout <<"c2 = ";c2.display();
        cout <<"c4 = ";c4.display();
        return 0;
}
```

程序运行结果，如图 3.2 所示。

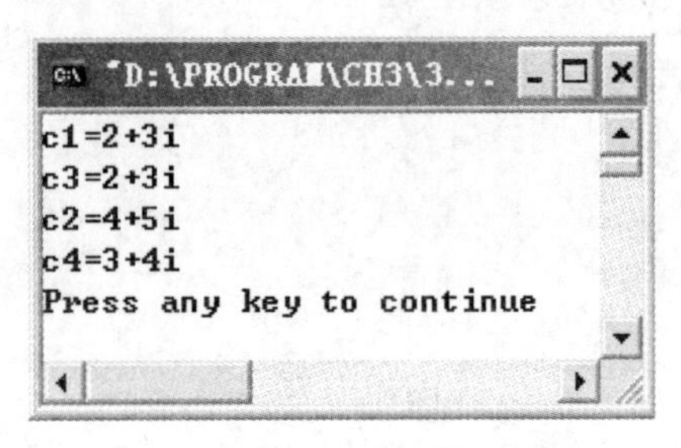

图 3.2　例 3.2 程序运行结果图

知识要点分析　声明一个复数类 Complex，类中设置两个私有数据 real 和 imag，分别表示复数的实部和虚部，类中声明成员函数 Complex operator＋＋()用来实现"＋＋"运算符前置的重载，成员函数 Complex operator＋＋(int)用来实现"＋＋"运算符后置的重载。

3.7.3　用友元函数实现双目运算符重载

例 3.3　案例描述　编写程序，用友元函数重载运算符"＋""－"和"＊"，对实数矩阵进行加法、减法和乘法运算。

案例实现

类 Matrix 的声明如下：

```
# include < iostream >
# include < iomanip >
using namespace std;
const int Row = 50;    //声明矩阵最大行数
const int Col = 50;    //声明矩阵最大列数
class Matrix    //声明矩阵类
 {
private:
        int row,col;
        double matrix[Row][Col];
public:
        Matrix(int,int);
        double operator()(int,int);
        void evaluate(int,int,double);
        friend Matrix operator + (Matrix,Matrix);
```

```
        friend Matrix operator - (Matrix,Matrix);
        friend Matrix operator * (Matrix,Matrix);
        void print();
};
```

各函数的定义如下:

```
Matrix::Matrix(int r,int c)   //矩阵行数和列数的大小
 {
      row = r;
      col = c;
}
double Matrix::operator ()(int r,int c)   //重载函数取矩阵 r 行 c 列的元素值
{
      return(r >= 1&&r <= row&&c >= 1&&c <= col)? matrix[r][c]:0.0;
}
void Matrix::evaluate(int r,int c,double value)   //设置矩阵 r 行 c 列的元素值
{
      if(r >= 1&&r <= row&&c >= 1&&c <= col)
       {
            matrix[r][c] = value;
       }
}
Matrix operator + (Matrix x,Matrix y)   //重载函数实现两个矩阵相加
{
      Matrix m(x.row,x.col);
      if(x.row!= y.row||x.col!= y.col){return m;}
      for(int r = 1;r <= x.row;r ++ )
       {
          for(int c = 1;c <= x.col;c ++ )
           {
                m.evaluate(r,c,x(r,c) + y(r,c));
           }
       }
       return m;
}
Matrix operator - (Matrix x,Matrix y)   //重载函数实现两个矩阵相减
{
      Matrix m(x.row,x.col);
      if(x.row!= y.row||x.col!= y.col){return m;}
      for(int r = 1;r <= x.row;r ++ )
```

```
    {
        for(int c = 1;c <= x.col;c ++ )
        {
            m.evaluate(r,c,x(r,c) - y(r,c));
        }
    }
    return m;
}
Matrix operator * (Matrix x,Matrix y)   //重载函数实现两个矩阵相乘
{
    Matrix m(x.row,x.col);
    double temp;
    if(x.col!= y.row){  return m;}
    for(int r = 1;r <= x.row;r ++ )
    {
        for(int c = 1;c <= y.col;c ++ )
        {
            temp = 0.0;
            for(int iter = 1;iter <= x.col;iter ++ )
            {
                temp + = x(r,iter) * y(iter,c);
            }
            m.evaluate(r,c,temp);
        }
    }
    return m;
}
void Matrix::print()   //输出矩阵
{
    for(int r = 1;r <= this -> row;r ++)
    {
        for (int c = 1;c <= this -> col;c ++)
        {
            cout << setw(5)<<( * this)(r,c);
        }
        cout << endl;
    }
}
```

主函数的定义如下：

```
int main()
{
      Matrix a(2,2),b(2,2),c(2,2),d(2,2),e(2,2);   //矩阵赋值
      a.evaluate(1,1,3.0);
      a.evaluate(1,2,5.0);
      a.evaluate(2,1,4.0);
      a.evaluate(2,2,6.0);
      b.evaluate(1,1,2.0);
      b.evaluate(1,2,0.9);
      b.evaluate(2,1,0.7);
      b.evaluate(2,2,0.1);   //矩阵计算及结果输出
      cout << setprecision(1)<< setiosflags(ios::fixed);
      cout <<"Matrix A:"<< endl;
      a.print();
      cout <<"Matrix B:"<< endl;
      b.print();
      c = a + b;
      d = a - b;
      e = a * b;
      cout <<"Matrix A + B:"<< endl;
      c.print();
      cout <<"Matrix A - B:"<< endl;
      d.print();
      cout <<"Matrix A * B:"<< endl;
      e.print();
      return 0;
}
```

程序运行结果,如图 3.3 所示。

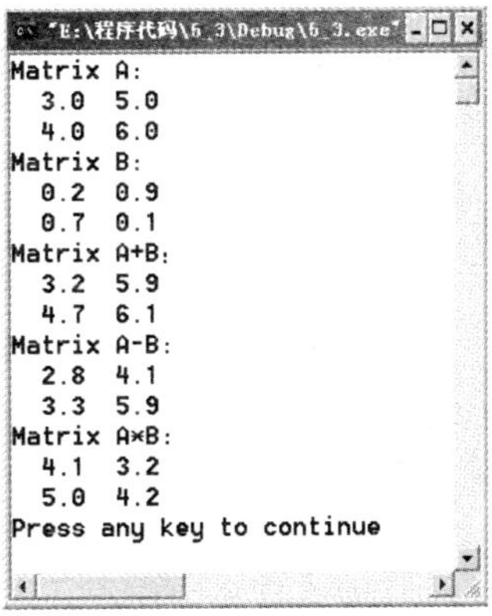

```
"E:\程序代码\6_3\Debug\6_3.exe"
Matrix A:
  3.0  5.0
  4.0  6.0
Matrix B:
  0.2  0.9
  0.7  0.1
Matrix A+B:
  3.2  5.9
  4.7  6.1
Matrix A-B:
  2.8  4.1
  3.3  5.9
Matrix A*B:
  4.1  3.2
  5.0  4.2
Press any key to continue
```

图 3.3　例 3.3 程序运行结果图

知识要点分析 首先应该声明一个实数矩阵类,该矩阵类的行数和列数是可变的,在类中设置两个变量 row 和 col 用来标识实际矩阵的行数和列数,设定矩阵的最大行数和列数均为 50。在类中声明一个矩阵元素赋值 evaluate(int,int,double)函数,以便用其对矩阵的元素赋初值。+、-和 * 三种运算符的重载操作,使用友元函数 friend Matrix operator + (Matrix,Matrix)、friend Matrix operator - (Matrix,Matrix)和 friend Matrix operator * (Matrix,Matrix)来实现。()运算符用来返回矩阵中某元素的值得操作,采用成员函数 double operator()(int,int)来实现。

3.7.4 用友元函数实现单目运算符重载

例 3.4 案例描述 定义一个复数类 Complex,重载"++"运算符,使之能用于复数的自加即实部和虚部分别自加,分别用友元函数实现"++"运算符前置运算和用友元函数实现"++"运算符后置运算。

案例实现

```
#include <iostream>
using namespace std;
class Complex
{
private:
        int real,imag;
public:
        Complex(int r = 0,int i = 0);
        friend Complex operator ++ (Complex &c);
        friend Complex operator ++ (Complex &c,int);
        void display();
};
Complex::Complex(int r,int i)
{
        real = r;
        imag = i;
}
void Complex::display()
{
        cout << real;
        if(imag >= 0)
        {
                cout <<" + "<< imag <<"i";
        }
        else
        {
```

```
            cout << imag <<"i";
        }
        cout << endl;
}
Complex operator ++ (Complex &c)
{
        ++ c.real;
        ++ c.imag;
        return c;
}
Complex operator ++ (Complex &c, int)
{
        Complex ct = c;
        c.real ++ ;
        c.imag ++ ;
        return ct;
}
int main()
{
        Complex c1(1,2),c2(3,4),c3,c4;
        c3 = ++ c1;
        cout <<"c1 = ";c1.display();
        cout <<"c3 = ";c3.display();
        c4 = c2 ++ ;
        cout <<"c2 = ";c2.display();
        cout <<"c4 = ";c4.display();
        return 0;
}
```

程序运行结果，如图 3.4 所示。

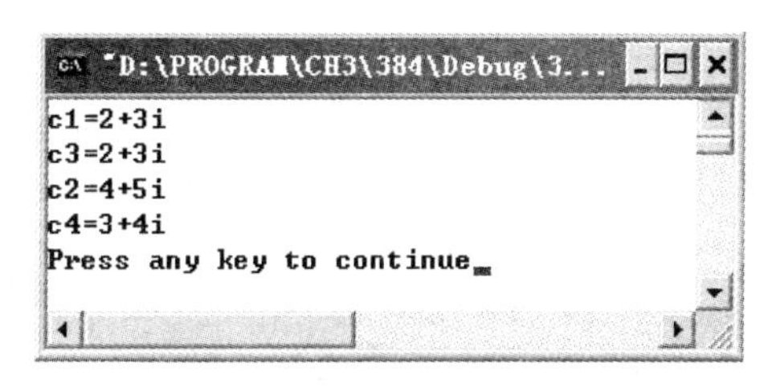

图 3.4　例 3.4 程序运行结果图

知识要点分析　声明一个复数类 Complex，类中设置两个私有数据 real 和 imag，分别表示复数的实部和虚部，类中声明友元函数 friend Complex operator++(Complex &c)；

用来实现“++”运算符前置的重载，友元函数 friend Complex operator++(Complex &c, int)；用来实现“++”运算符后置的重载。

3.7.5 用转换构造函数进行类型转换

例 3.5 案例描述 设计一个转换构造函数，将一个整型数据转换成复数类型。

案例实现

```
# include < iostream >
using namespace std;
class Complex
{
private:
        int real, imag;
public:
        Complex();
        Complex(int r, int i);
        Complex(int r);
        Complex operator + (Complex c1);
        void display();
};
Complex::Complex()
{
        real = 0;
        imag = 0;
}
Complex::Complex(int r)
{
        real = r;
        imag = 0;
}
Complex::Complex(int r, int i)
{
        real = r;
        imag = i;
}
void Complex::display()
{
        cout << real;
        if(imag >= 0)
        {
```

```
            cout <<" + "<< imag <<"i";
        }
        else
        {
            cout << imag <<"i";
        }
        cout << endl;
}

Complex Complex::operator + (Complex c1)
{
        Complex c;
        c.real = real + c1.real;
        c.imag = imag + c1.imag;
        return c;
}
int main()
{
        Complex c1(1,2),c2;
        c2 = c1 + 5;
        c2.display();
        return 0;
}
```

程序运行结果，如图 3.5 所示。

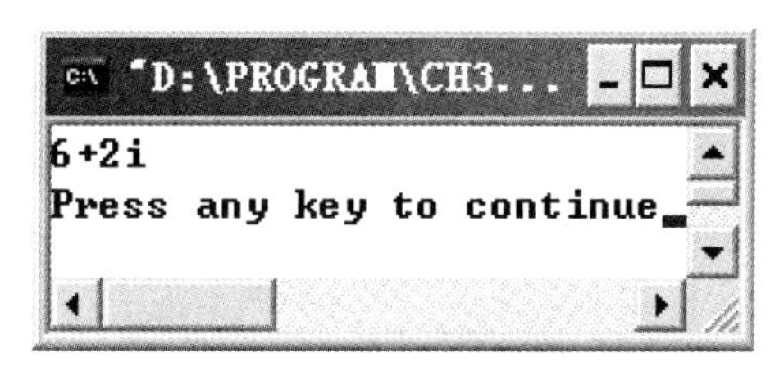

图 3.5　例 3.5 程序运行结果图

知识要点分析　复数 Complex 类中设计一个 Complex(int r);函数，将 int 类型的数据转换成 Complex 类型。

3.7.6　用类型转换函数进行类型转换

例 3.6　案例描述　设计一个转换构造函数将一个整型数据转换成复数类型。

案例实现

```
# include < iostream >
using namespace std;
```

```
class Complex
{
private:
	int real, imag;
public:
	Complex();
	Complex(int r, int i);
	operator int();
	void display();
};
Complex::operator int()
{
	return real;
}
Complex::Complex()
{
	real = 0;
	imag = 0;
}
Complex::Complex(int r, int i)
{
	real = r;
	imag = i;
}
void Complex::display()
{
	cout << real;
	if(imag >= 0)
	{
		cout <<" + "<< imag <<"i";
	}
	else
	{
		cout << imag <<"i";
	}
	cout << endl;
}
int main()
{
```

```
    Complex c1(1,2);
    int n = c1 + 5;
    cout << n << endl;
    return 0;
}
```

程序运行结果，如图 3.6 所示。

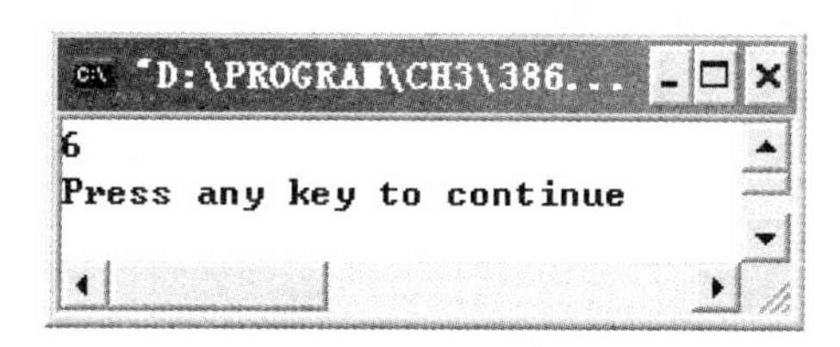

图 3.6　例 3.6 程序运行结果图

知识要点分析　复数 Complex 类中设计一个 operator int();函数，将 Complex 类型的数据转换成 int 类型。

3.7.7　综合案例

例 3.7　案例描述　包含转换构造函数、运算符重载函数和类型转换函数的程序。

案例实现

```
#include <iostream>
using namespace std;
class Complex
{
public:
    Complex(){real = 0;imag = 0;}  //默认构造函数
    Complex(double r){real = r;imag = 0;} //转换构造函数
    Complex(double r,double i){real = r;imag = i;} //实现初始化的构造函数
    friend Complex operator + (Complex c1,Complex c2);
                                        //重载运算符"+"的友元函数
    void display();
private:
    double real;
    double imag;
};
Complex operator + (Complex c1,Complex c2) //定义运算符"+"重载函数
{
    return Complex(c1.real + c2.real, c1.imag + c2.imag);
}
void Complex::display()
```

```
{
        cout <<"("<< real <<","<< imag <<"i)"<< endl;
}
int main()
{
        Complex c1(3,4),c2(5, - 10),c3;
        c3 = c1 + 2.5; //复数与 double 数据相加
        c3.display();
        return 0;
}
```

程序运行结果，如图 3.7 所示。

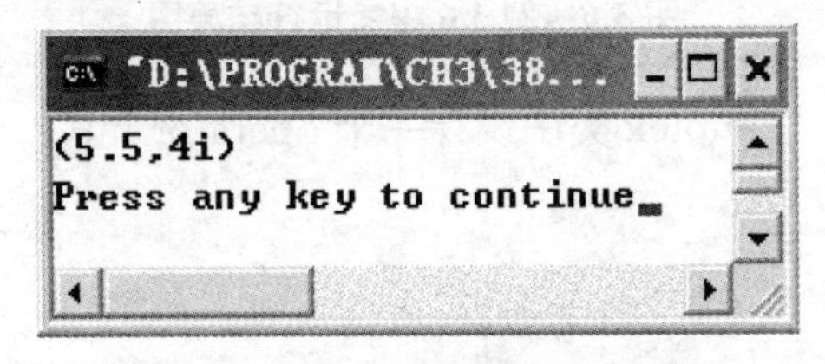

图 3.7　例 3.7 程序运行结果图

知识要点分析

(1) 如果没有定义转换构造函数，则此程序编译出错。

(2) 现在，在类 Complex 中定义了转换构造函数，并具体规定了怎样构成一个复数。由于已重载了算符“＋”，在处理表达式 c1＋2.5 时，编译系统把它解释为 operator＋(c1，2.5)，由于 2.5 不是 Complex 类对象，系统先调用转换构造函数 Complex(2.5)，建立一个临时的 Complex 类对象，其值为(2.5＋0i)。上面的函数调用相当于 operator＋(c1，Complex(2.5))将 c1 与(2.5＋0i)相加，赋给 c3，运行结果为(5.5＋4i)。

(3) 如果把“c3＝c1＋2.5;”改为 c3＝2.5＋c1;程序可以通过编译和正常运行，过程与前面相同。

从中得到一个重要结论：在已定义了相应的转换构造函数情况下，将运算符“＋”函数重载为友元函数，在进行两个复数相加时，可以用交换律。如果运算符函数重载为成员函数，它的第一个参数必须是本类的对象。当第一个操作数不是类对象时，不能将运算符函数重载为成员函数。如果将运算符“＋”函数重载为类的成员函数，交换律不适用。由于这个原因，一般情况下将双目运算符函数重载为友元函数，单目运算符则多重载为成员函数。

(4) 如果一定要将运算符函数重载为成员函数，而第一个操作数又不是类对象时，只有一个办法能够解决，再重载一个运算符“＋”函数，其第一个参数为 double 型。当然此函数只能是友元函数，函数原型为 friend operator＋(double，Complex &)；显然这样做不太方便，还是将双目运算符函数重载为友元函数方便些。

(5) 在上面程序的基础上增加类型转换函数：

```
operator double(){return real;}
```

此时 Complex 类的公用部分为

```
public:
        Complex(){real = 0;imag = 0;}
        Complex(double r){real = r;imag = 0;} //转换构造函数
        Complex(double r,double i){real = r;imag = i;}
        operator double(){return real;} //类型转换函数
        friend Complex operator + (Complex c1,Complex c2); //重载运算符" + "
        void display();
```

其余部分不变,程序在编译时出错,原因是出现二义性。

习　题

一、选择题

1. 下列叙述不正确的是(　　)。

A. 利用成员函数重载二元运算符时,参数表中的参数作为此运算符的右操作数

B. 利用成员函数重载二元运算符时,成员函数的 this 指针所指向的对象作为运算符的左操作数

C. 利用成员函数重载二元运算符时,参数表中的参数必须为 2 个

D. 运算符重载可以实现对象与操作数之间的新的操作功能,但运算符的操作数的个数、运算符的优先级和运算符的结合性均不可改变

2. 若用成员函数重载运算符加号"+",实现 a+b 运算,则(　　)。

A. a 必须为对象,b 可为整数或实数或对象

B. a 和 b 必须为对象

C. b 必须为对象,a 可为整数或实数

D. a 和 b 均为整数或实数

3. 下列有关运算符重载的叙述中,正确的是(　　)。

A. 运算符重载是多态性的一种表现

B. C++中可以通过运算符重载创造新的运算符

C. C++中所有运算符都可以作为非成员函数重载

D. 重载运算符时可以改变其结合性

4. 下列关于运算符重载的叙述中,正确的是(　　)。

A. 运算符重载为成员函数时,若参数表中无参数,重载的是一元运算符

B. 一元运算符只能作为成员函数重载

C. 二元运算符重载为非成员函数时,参数表中有一个参数

D. C++中可以重载所有的运算符

5. 关于运算符重载,下列表述中正确的是(　　)。

A. C++已有的任何运算符都可以重载

B. 运算符函数的返回类型不能声明为基本数据类型

C. 在类型转换符函数的定义中不需要声明返回值类型

D. 可以通过运算符重载来创建C++中原来没有的运算符

6. 下列关于运算符重载的叙述中,错误的是(　　)。

A. 不得为重载的运算符函数的参数设置默认值

B. 可以对基本类型(如 int 类型)的数据,重新定义"+"运算符的含义

C. 运算符重载是多态性的一种表现

D. 在类型转换函数的定义中不需要声明函数类型

7. 若通过类的成员函数和友元函数实现的运算符重载的功能是一样的,下列说法正确的是(　　)。

A. 这两种函数的参数相同,函数体实现过程不同

B. 编译器对这两种函数编译时所作的解释相同

C. 这两种函数都带有 this 指针

D. 友元函数比成员函数多一个参数

二、填空题

1. 以下程序的执行结果,第一行为__________,第二行为__________。

```
# include < iostream >
using namespace std;
class Test
{
        int n;
public:
        Test (int i){n = i;}
        Test operator ++ (){  ++ n;   return * this;}    //前缀重载运算符
        Test operator ++ (int){n + = 4;  return * this;}    //后缀重载运算符
        void disp()
        {
            cout <<"n = "<< n << endl;
        }
};
int main()
{
        Test a(3),b(3);
        a ++ ;    //调用后缀重载运算符
        ++ b;     //调用前缀重载运算符
        a.disp();
        b.disp();
        return 0;
}
```

2. 以下程序是通过重载运算符"==",实现判断两个复数是否相等的运算(若相等返回 1,否则返回 0)。重载前置"++"运算符,使虚部和实部分别加 1。请完善程序。

```
# include < iostream >
```

```
using namespace std;
class Comp
{
        float real,ima;
public:
        Comp(float r = 0,float i = 0){real = r; ima = i;}
        Comp operator ++ ()
        {
            real ++ ;   ima ++ ;
            __________;
        }
        int operator == (Comp a)
        {
            if( a.real == real&&a.ima == ima) return 1;
            return 0;
        }
        void Show()
        {
            cout << real << '\t'<< ima << '\n';
        }
};
void  main()
{
        Comp c1(100,200),c2(20,30),c3;
        if (__________)      cout <<"两个复数 c1 和 c2 相等!\n";
        else   cout <<" 两个复数 c1 和 c2 不相等!\n";
        c1.Show();
        c3 =  ++ c2;
        c3.Show(   );
        c2.Show(   );
}
```

3. 以下程序是对一维坐标点类 Point 进行运算符重载。请完善程序。

```
__________
using namespace std;
class Point
{
public:
        Point (int val) { x  =  val; }
        Point__________() { x ++ ; return  * this; }
```

```
                                              //前置 ++ 运算符重载函数名
        Point operator ++ (int) { Point old =  * this; ++ ( * this);
        return old; }
        ________operator + (Point a) { x + = a.x; return * this; }
                                                        //函数返回值类型
        int GetX() const { return x; }
private:
        int x;
};
int main()
{
    Point a(10);
    cout << ( ++ a).GetX();
    cout << a ++ .GetX();
    return 0;
}
```

4. 下面程序是通过重载运算符"+",直接实现两个一维数组对应元素相加的运算。设数组 a、b 分别为 int a[5]={1,2,3,4,5};int b[5]={4,5,6,7,8};则两数组相加后,结果为{5,7,9,11,13}。类似地,重载运算符"-",实现两数组相减运算。请完善程序。

```
# include < iostream >
using namespace std;
class Arr
{
        int x[10];
public :
      Arr(  )      //为成员数组 x 各元素赋值为 0
      {  for (int i = 10;i<10;i ++ )
           x[i] = 0;
      }
      Arr(ints[])      //用数组 S 为成员数组 x 各元素赋值
      {
         for (int i = 0;i<10;i ++ )
            __________;
      }
      Arr operator + (Arr a)   //重载运算符 '+',实现两数组的相加
      {
           Arr t;
      for (int i = 0;i<10;i ++ )
```

```
        t.x[i] = __________;
        return t  ;
    }
    Arr __________(Arr a) //重载运算符 '-',实现两数组的相减
    {
        Arr t;
    for (int i = 0;i<10;i ++ )
        t.x[i] = x[i] - a.x[i]  ;
        return t  ;
    }
    void Show()
    {
        for(int i = 0;i<10;i ++ )
            cout << x[i]<< '\t';
    cout << '\n';
    }
};
int main(void)
{
    int a[10] = {1,2,3,4,5,6,7,8,9,10};
    int b[10] = {4,5,6,7,8,9,10,11,12,13};
    Arrar1(a),ar2(b),ar3;
    ar1.Show();     ar2.Show();
    ar3 = ar1 + ar2;     ar3.Show();
    ar1 = ar1 - ar3;    ar1.Show();
    return 0;
}
```

微信扫码
习题答案 & 相关资源

第 4 章

继承与派生

4.1 继承与派生概述

在C++中，一个新类从已有的类获得其已有的特征，这种现象称为类的继承，也就是保持已有类的特征而构造新类的一个过程。在已有类的基础上新增自己的特性而产生新类的过程称为派生，也就是从已有的类产生一个新类的过程。被继承的已有类称为基类（或父类），派生出的新类称为派生类（或子类）。

派生类继承了基类的所有数据成员和成员函数，并可以对成员作必要的增加或调整，一个基类可以派生出多个派生类，每一个派生类又可以作为基类再派生出新的派生类，因此基类和派生类是相对而言的。类的每一次派生，都继承了其基类的基本特征，同时又根据需要调整和扩充原有特征。

关于基类和派生类的关系，可以表述为：派生类是基类的具体化，而基类则是派生类的抽象。

几种继承的区别如下：

- 单继承：派生类只从一个基类派生；
- 多重继承：派生类从多个基类派生而来；
- 多重派生：由一个基类派生出多个不同的派生类；
- 多层派生：派生类又作为基类，继续派生新的类。

继承与派生的目的如下：

- 继承的目的：实现代码的重用；
- 派生的目的：当新的问题出现，原有程序无法解决（或不能完全解决）时，需要对原有程序进行升级改造。

4.2 派生类的声明

派生类定义的一般形式是

```
class <派生类名>:<派生方式> <基类名称>
```

```
{
    派生类成员声明;
};
```

说明：

(1) 派生方式关键字为 private、public 和 protected，分别表示私有继承、公有继承和保护继承，缺省的继承方式是私有继承；

(2) 继承方式规定了派生类成员对基类成员的访问权限和派生类对象对基类成员的访问权限；

(3) 派生类成员是指除了从基类继承来的成员以外，新增加的数据成员和成员函数；

(4) 通过在派生类中新增加成员来添加新的属性和功能，实现代码的复用和功能的扩充。

4.3 派生类的构成

派生类中的成员包括从基类继承过来的成员和自己增加的新成员两大部分。从基类继承的成员体现了派生类从基类继承而获得的共同特性，派生类自己新增加的成员体现了派生类的新功能。基类中包括数据成员和成员函数。

并不是简单地把基类的成员和派生类自己增加的成员组合在一起就是派生类，构造一个派生类需要做以下几部分工作：

(1) 从基类中接收原有成员。派生类把基类中全部的成员都接收过来，不能够选择(即使有些成员在派生类中根本用不到)，过多无用的成员可能会造成数据的冗余，可是目前C++标准中无法解决这个问题。所以我们只能根据派生类的需要谨慎地选择基类，使冗余量最小；

(2) 调整从基类中接收的成员。虽然在接收基类中成员时是不能选择的，但是程序员可以根据实际的需要对这些成员做适当的调整。例如，可以更改基类成员在派生类中的访问属性、功能等；

(3) 声明派生类时增加的成员。这部分内容是很重要的功能，因为它体现了派生类对基类功能的扩展，根据需要考虑应当增加的成员，以增强程序的功能；

(4) 在声明派生类时，一般还可以自己定义派生类的构造函数和析构函数，因为构造函数和析构函数是无法从基类中继承的。

4.4 派生类成员的访问权限

4.4.1 公有继承

公有继承中，基类成员的可访问性在派生类中保持不变，即基类的私有成员在派生类中还是私有成员，不允许外部函数和派生类的成员函数直接访问，但可以通过基类的公有成员函数访问；基类的公有成员和保护成员在派生类中仍是公有成员和保护成员，派生类的成员函数可直接访问它们，而外部函数能通过派生类的对象间接访问基类的公有成员，但不能访问基类的保护成员。

说明：

(1) 虽然派生类以公有的方式继承了基类，但并不是说派生类就可以访问基类的私有成员，基类无论怎样被继承，其私有成员对基类而言仍然保持私有性；

(2) 在派生类中声明的名字如果与基类中声明的名字相同，则派生类中的名字起支配作用。也就是说，若在派生类的成员函数中直接使用该名字，该名字是指在派生类中声明的名字。如果要使用基类中的名字，则应使用作用域运算符加以限定，即在该名字前加“基类名::”；

(3) 由于公有继承时，派生类基本保持了基类的访问特性，所以公有继承使用得最多。

4.4.2 私有继承

私有继承中，派生类只能以私有方式继承基类的公有成员和保护成员，因此，基类的公有成员和保护成员在派生类中成为私有成员，它们能被派生类的成员函数直接访问，但不能被类外的函数访问，也不能在类外通过派生类的对象访问。另外，基类的私有成员派生类仍不能访问，因此，在设计基类时，通常都要为它的私有成员提供公有的成员函数，以便派生类和外部函数能间接地访问它们。由于基类经过多次派生以后，其私有成员可能会成为不可访问的，所以用得比较少。

4.4.3 保护继承

父类的 protected 和 public 成员在子类中为 protected，不能被派生类对象直接调用，可间接被派生类函数和基类函数调用。父类的 private 成员在子类中不可访问。保护继承也会降低成员访问权限，所以用得也比较少。

派生类根据继承方式的不同，对从基类继承来的成员的访问属性也不同。无论哪种方式，基类中的私有成员不允许外部函数访问，也不允许派生类中的成员访问，但可以通过基类的公有成员访问。

公有派生、保护派生和私有派生的区别是基类中的公有成员和保护成员在派生类中的属性不同：

(1) 公有派生时，基类中的所有公有成员、保护成员在派生类中也对应是公有成员和保护成员；

(2) 保护派生时，基类中的所有公有成员和保护成员在派生类中是保护成员；

(3) 私有派生时，基类中的所有公有成员和保护成员在派生类中是私有成员。

4.5 派生类的构造函数与析构函数

4.5.1 派生类的构造函数

基类的构造函数和析构函数不能被派生类继承，需要在派生类中自行声明，派生类中需要声明自己的构造函数。声明构造函数时，只需要对本类中新增成员进行初始化，对继承来的基类成员的初始化，自动调用基类的构造函数完成。

如果基类没有定义构造函数，派生类也可以不定义构造函数，全都采用缺省的构造函数，此时，派生类新增成员的初始化工作可用其他公用函数来完成。如果基类定义了带有形参列表的构造函数，派生类就必须定义新的构造函数，提供一个将参数传递给基类构造函数的途径，以便保证在基类进行初始化时能获得必需的数据。如果派生类的基类也是派生类，则每个派生类只需负责其直接基类的构造，不负责自己的间接基类的构造。

派生类的数据成员由所有基类的数据成员和派生类新增的数据成员共同组成，如果派生类新增成员中还有对象成员，派生类的数据成员中还间接含有这些对象的数据成员。因此，派生类对象的初始化，就要对基类数据成员、新增数据成员和对象成员的数据进行初始化。这样，派生类的构造函数需要以合适的初值作为参数，用基类的构造函数和新增对象成员的构造函数来初始化各自的数据成员，再用新加的语句对新增数据成员进行初始化。

派生类构造函数声明的一般形式为

```
派生类名(参数表1):基类名(参数表2),对象成员名1(参数表3),…,对象成员名n(参数表n+2)
        {
          //派生类新增成员的初始化语句
        }
```

说明：

(1) 派生类的构造函数名与派生类名相同；

(2) 参数列表列出初始化基类成员数据、新增对象成员数据和派生类新增成员数据所需要的全部参数；

(3) 冒号后列出需要使用参数进行初始化的基类的名字和所有对象成员的名字及各自的参数列表，之间用逗号分开。对于使用缺省构造函数的基类或对象成员，可以不给出类名或对象名以及参数列表。

4.5.2　派生类的析构函数

派生类是否要定义析构函数与所属的基类无关，如果派生类对象在撤销时需要做清理善后工作，就需要定义新的析构函数。派生类析构函数的功能与基类析构函数的功能一样，也是在对象撤销时进行必需的清理善后工作。析构函数不能被继承，如果需要，则要在派生类中重新定义。与基类的析构函数一样，派生类的析构函数也没有数据类型和参数。

派生类析构函数的定义方法与基类的析构函数的定义方法完全相同，而函数体只需完成对新增成员的清理和善后就行了，基类和对象成员的清理善后工作系统会自动调用它们各自的析构函数来完成。

4.5.3　派生类构造函数与析构函数的调用顺序

C++规定，基类成员的初始化工作由基类的构造函数完成，而派生类的初始化工作由派生类的构造函数完成。这就产生了派生类构造函数和析构函数的执行顺序问题，即当创建一个派生类的对象时，如何调用基类和派生类的构造函数分别完成各自成员的初始化，当撤销派生类对象时，又如何调用基类和派生类的析构函数分别完成各自的善后处理。它们的执行顺序是：对于构造函数，先执行基类的，调用顺序按照它们被继承时声明的顺序，再执行对象成员的，调用顺序按照它们在类中声明的顺序，最后执行派生类的。对于析构函数，先执行派生类，再执行对象成员，最后执行基类的。

4.6 多重继承

4.6.1 多重继承的声明

当一个派生类具有多个基类时，称这种派生为多重继承。多重继承声明的一般形式为

```
class <派生类名>:<派生方式 1 ><基类名 1 >, …,<派生方式 n ><基类名 n >
{
      派生类成员声明;
};
```

说明：

(1) 其中，冒号后面的部分为基类，如果多个基类之间用逗号分开。派生方式规定了派生类以何种方式继承基类成员，选项为 private、protected 和 public；

(2) 多继承中，各种派生方式对于基类成员在派生类中的访问权限与单继承的规则相同。

4.6.2 多重继承的构造函数和析构函数

多继承时，也涉及基类成员、对象成员和派生类成员的初始化问题，因此，必要时也要定义构造函数和析构函数。声明多重继承构造函数的一般形式为

```
<派生类名>(参数总表):基类名 1(参数表 1), …,基类名 n(参数表 n)
{
        //派生类新增成员的初始化语句
};
```

说明：

(1) 派生类的构造函数名与派生类名相同；

(2) 参数总表列出初始化基类的成员数据和派生类新增成员数据所需要的全部参数；

(3) 冒号后列出需要使用参数进行初始化的所有基类的名字及参数表，之间用逗号分开。对于使用缺省构造函数的基类，可以不给出类名及参数表；

(4) 多继承析构函数的声明方法与单继承的相同；

(5) 多重继承的构造函数和析构函数具有与单继承构造函数和析构函数相同的性质和特性；

(6) 多重继承构造函数和析构函数的执行顺序与单继承的相同，但应强调的是，基类之间的执行顺序是严格按照声明时从左到右的顺序来执行的，与它们在定义派生类构造函数中的次序无关。

4.6.3 多重继承的二义性

多种继承中的主要问题是成员重复。比如，在派生类继承的这多个基类中有同名成员时，派生类中就会出现来自不同基类的同名成员，就出现了成员重复，用派生类的对象去访

问这些同名成员的时候就会出现访问的二义性。

说明：

(1) 使用作用域运算符"::"。基类与派生类有同名成员，默认访问派生类成员。由于子类可以访问多个基类，而基类之间没有专门的协调，所以，基类中可能出现相同的名字，对于子类来说，要访问这种名字不得不在名字前加上类名和作用域运算符"::"，以区别来自不同基类的成员。

(2) 使用同名覆盖的原则。不同的父类拥有共性基类，访问基类成员仍然存在相同名字的成员冲突问题，在多继承时，基类与派生类之间，或基类之间出现同名成员时，将出现访问时的二义性。可以在派生类中重新定义与基类中同名的成员(如果是成员函数，则参数表也要相同，参数不同的情况为重载)以隐蔽掉基类的同名成员，在引用这些同名的成员时，使用的就是派生类中的函数，也就不会出现二义性的问题了。

4.6.4　虚基类

当某类的部分或全部基类是从另一个共同基类派生而来时，在这些直接基类中从上一级共同基类继承来的成员就拥有相同的名称。在派生类的对象中，这些同名数据成员在内存中同时拥有多个拷贝，同一个函数名会有多个映射。我们可以使用作用域区分符来唯一标识并分别访问它们，也可以将共同的基类设置为虚基类，这时从不同的路径继承过来的同名数据成员在内存中就只有一个拷贝，同一个函数名也只有一个映射。

说明：

(1) 虚基类的引入：用于有共同基类，多次继承产生二义性的场合；

(2) 声明：以 virtual 修饰说明基类。例如，class A1：virtual public A；

(3) 作用：为最远的派生类提供唯一的基类成员，而不重复产生多次拷贝。

虚基类的成员是由派生类的构造函数通过调用虚基类的构造函数进行初始化的。在整个继承结构中，直接或间接继承虚基类的所有派生类，都必须在构造函数的成员初始化表中给出对虚基类的构造函数的调用。如果未列出，则表示调用该虚基类的缺省构造函数。在建立对象时，只有最远派生类的构造函数调用虚基类的构造函数，该派生类的其他基类对虚基类构造函数的调用被忽略。

4.7　基类与派生类的赋值转换

只有公用派生类才是基类真正的子类型，它完整地继承了基类的功能。基类与派生类对象之间有赋值兼容关系，由于派生类中包含从基类继承的成员，因此可以将派生类的值赋给基类对象，在用到基类对象的时候可以用其子类对象代替。一个公有派生类的对象在使用时可以被当作基类的对象，反之则不行。

说明：

(1) 派生类对象可以向基类对象赋值，而不能用基类对象对派生类对象赋值；

(2) 派生类对象可以替代基类对象向基类对象的引用进行赋值或初始化，但基类对象不能为派生类的引用进行赋值和初始化；

(3) 派生类对象的地址可以赋给指向基类对象的指针变量，也就是说，指向基类的指针

也可以指向派生类,但基类对象不可以赋值给指向派生类的指针变量;

(4) 同一基类的不同派生类对象之间不能赋值。

4.8 继承与组合

组合:类中含有对象成员,称为组合。继承和组合都重用了类设计。继承重用场合,父类成员就在子类里,无须捆绑父类对象便能对其操作.但是操作受到了父类访问控制属性设定的制约。组合重用场合,使用对象成员的操作需捆绑对象成员,而且只能使用对象的公有成员,多继承且有组合对象时的构造函数。

派生类名::派生类名(基类 1 形参,基类 2 形参,…,基类 n 形参,本类形参):基类名 1(参数),基类名 2(参数),…,基类名 n(参数),对象数据成员的初始化

```
    {
            本类成员初始化赋值语句;
    };
```

4.9 本章案例

4.9.1 派生类的声明

例 4.1 案例描述 通过继承学生类(Student)来实现研究生类(Graduate)。

案例实现

```
# include < iostream >
# include < string >
using namespace std;
class Student
{
private:
        int num;                        //学号
        string name;                    //姓名
        string sex;                     //性别
        int age;                        //年龄
public:
        Student(int num2, string name2, string sex2, int age2)
        {
            num = num2;
            name = name2;
          sex = sex2;
          age = age2;
        }
```

```
        void display()
        {
            cout <<"学号:"<< num << endl;
            cout <<"姓名:"<< name << endl;
            cout <<"性别:"<< sex << endl;
            cout <<"年龄:"<< age << endl;
        }
};
class Graduate :public Student
{
private:
        string direction;               //研究方向
public:
        //构造函数中通过初始化列表来赋值
        Graduate(int num2,string name2,string sex2,int age2,string direction2)
                                        :Student(num2,name2,sex2,age2)
        {
            direction = direction2;
        }
        void show()
        {
             display();                 //调用父类 Student 的方法
             cout <<"研究方向:"<< direction << endl;
        }
};
void main()
{
        Graduate g1(2013091201,"张三","男",19,"计算机应用");
        g1.show();
}
```

程序运行结果,如图4.1所示。

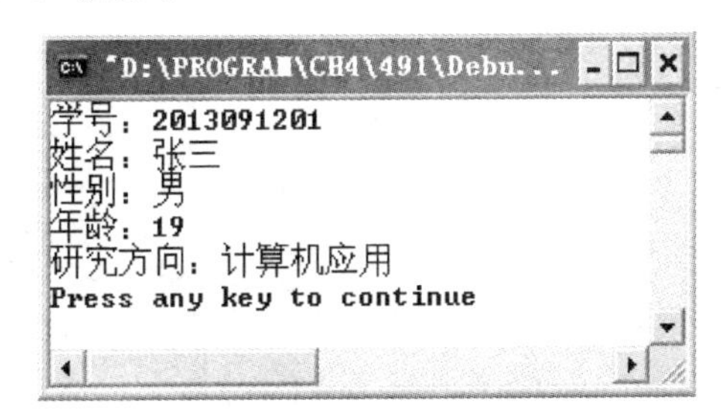

图4.1　例4.1程序运行结果图

知识要点分析 本案例首先定义实现学生类(Student),再定义研究生类(Graduate)时,通过继承学生类来实现。学生类中已有的功能无须重复定义,研究生类通过继承直接使用即可。

4.9.2 派生类的访问权限

例 4.2 案例描述 有以下程序结构,请分析各成员的访问属性。

```
#include <iostream>
using namespace std;
class A                          //A为基类
{
public:
      void f1();
      int i;
protected:
      void f2();
      int j;
private:
      int k;
};
class B: public A                //B为A的公有派生类
{
public:
      void f3();
protected:
      int m;
private:
int n;
};
class C: public B                //C为B的公有派生类
{
public:
      void f4();
private:
      int p;
};
int main()
{
      A a1;                      //a1是基类A的对象
      B b1;                      //b1是派生类B的对象
```

```
    C c1;                  //c1 是派生类 C 的对象
    return 0;
}
```

问题：

(1) 在 main 函数中能否用 b1.i,b1.j 和 b1.k 引用派生类 B 对象 b1 中基类 A 的成员？

(2) 派生类 B 中的成员函数能否调用基类 A 中的成员函数 f1 和 f2？

(3) 派生类 B 中的成员函数能否引用基类 A 中的数据成员 i,j,k？

(4) 能否在 main 函数中用 c1.i,c1.j,c1.k,c1.m,c1.n,c1.p 引用基类 A 的成员 i,j,k,派生类 B 的成员 m,n,以及派生类 C 的成员 p？

(5) 能否在 main 函数中用 c1.f1(),c1.f2(),c1.f3()和 c1.f4()调用 f1,f2,f3,f4 成员函数？

(6) 派生类 C 的成员函数 f4 能否调用基类 A 中的成员函数 f1,f2 和派生类 B 中的成员函数 f3？

知识要点分析　根据题中给出继承关系，得出各类成员和访问属性如图 4.2 所示。

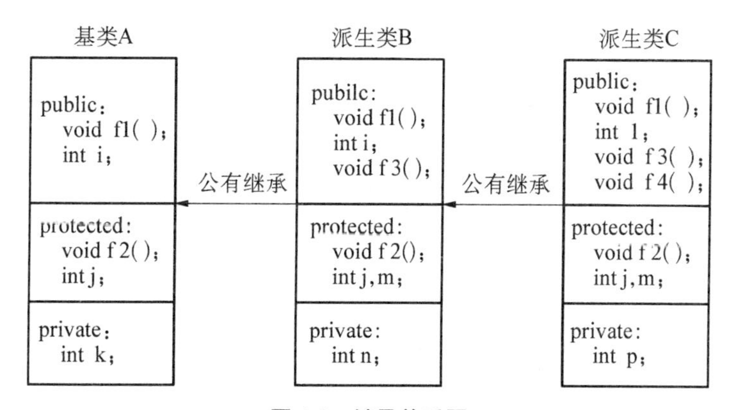

图 4.2　继承关系图

(1) B 类是 A 类的公有派生类，i,j,k 在 B 类的访问属性分别为公有、受保护和不可见，所在 main 函数中能用 b1.i 引用派生类 B 对象 b1 中基类 A 的成员，不能用 b1.j 和 b1.k 引用派生类 B 对象 b1 中基类 A 的成员。

(2) 在 A 类中，函数 f1 的访问属性为公有，所以派生类 B 中的成员函数能调用基类 A 中的成员函数 f1；在 A 类中，函数 f2 的访问属性为受保护，所以派生类 B 中的成员函数能调用基类 A 中的成员函数 f2。

(3) 在 A 类中，数据成员 i 的访问属性为公有，所以派生类 B 中的成员函数能引用基类 A 中的数据成员 i；在 A 类中，数据成员 j 的访问属性为受保护，所以派生类 B 中的成员函数能引用基类 A 中的数据成员 j；在 A 类中，数据成员 k 的访问属性为私有，所以派生类 B 中的成员函数不能引用基类 A 中的数据成员 k。

(4) C 类是 B 类的公有派生类，在 C 类中 i 的访问属性为公有，所以在 main 函数中可以用 c1.i 引用基类 A 的成员 i；而 j,m 在 C 类中的访问属性为受保护，所以在 main 函数中不可以用 c1.j,c1.m 引用基类 A 的成员 j 和派生类 B 的成员 m；k,n 在 C 类中的访问属性为不可见的，所以在 main 函数中不可以用 c1.k,c1.n 引用基类 A 的成员 k 和派生类 B 的成员 n;p 是 C 类的私有成员,所以在 main 函数中不能用 c1.p 引用类 C 的成员 p。

(5) f1,f3,f4 在类 C 中的访问属性为公有,所以在 main 函数中能用 c1.f1(),c1.f3()和 c1.f4()调用 f1,f3,f4 成员函数;f2 在类 C 中的访问属性为受保护的,所以在 main 函数中不能用 c1.f2()调用 f2 成员函数。

(6) 在类 B 中,f1,f3 的访问属性是公有的,所以派生类 C 的成员函数 f4 可以调用基类 A 中的成员函数 f1 和 f3,在 B 类中,f2 的访问属性是受保护的,所以派生类 C 的成员函数 f4 可以调用基类 B 中的成员函数 f2。

4.9.3 派生类构造函数

例 4.3 案例描述 有以下程序,阅读程序,写出运行时输出的结果。

```
# include < iostream >
using namespace std;
class A
{
public:
        A()  {a = 0;b = 0;}
        A(int i)  {a = i;b = 0;}
        A(int i,int j)  {a = i;b = j;}
        void display()  {cout <<"a = "<< a <<" b = "<< b;}
private:
        int a;
        int b;
};
class B  : public A
{
public:
        B(){c = 0;}
        B(int i):A(i){c = 0;}
        B(int i,int j):A(i,j){c = 0;}
        B(int i, int j,int k):A(i,j){c = k;}
        void display1()
        {
            display();
            cout <<" c = "<< c << endl;
        }
private:
        int c;
};
int main()
```

```
{
        B b1;
        B b2(1);
        B b3(1,3);
        B b4(1,3,5);
        b1.display1();
        b2.display1();
        b3.display1();
        b4.display1();
        return 0;
}
```

程序运行结果，如图 4.3 所示。

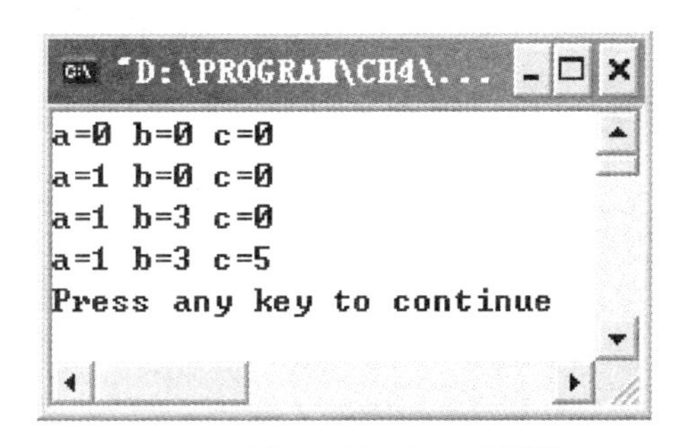

图 4.3　例 4.3 程序运行结果图

知识要点分析　本题涉及构造函数的重载和简单派生类构造函数的调用顺序，简单派生类构造函数调用的顺序是，在调用派生类构造函数过程中先去调用基类构造函数，再执行派生类构造函数本身(即派生类构造函数的函数体)。

在执行语句"B b1;"时，调用派生类 B 的无参构造函数"B()"，在调用"B()"时，首先去调用基类 A 的构造函数"A()"(当不需要向基类构造函数传递参数时，可以不写出基类构造函数的调用形式)，执行完函数"A()"函数体后，再去执行函数"B()"的函数体，所以执行语句"b1.display1();"输出的结果如图 4.3 所示的第一行；在执行语句"B b2(1);"时，调用派生类 B 的一个参数的构造函数"B(int i):A(i)"，在调用"B(int i):A(i)"时，首先去调用基类 A 的构造函数"A(int i)"，执行完函数"A(int i)"函数体后，再去执行函数"B(int i):A(i)"的函数体，所以执行语句"b2.display1();"输出的结果如图 4.3 所示的第二行；在执行语句"B b3(1,3);"时，调用派生类 B 的两个参数的构造函数"B(int i,int j):A(i,j)"，在调用"B(int i,int j):A(i,j)"时，首先去调用基类 A 的构造函数"A(int i,int j)"，执行完函数"A(int i,int j)"函数体后，再去执行函数"B(int i,int j):A(i,j)"的函数体，所以执行语句"b3.display1();"输出的结果如图 4.3 所示的第三行；在执行语句"B b4(1,3,5);"时，调用派生类 B 的三个参数的构造函数"B(int i,int j,int k):A(i,j)"，在调用"B(int i,int j,int k):A(i,j)"时，首先去调用基类 A 的构造函数"A(int i,int j)"，执行完函数"A(int i,int j)"函数体后，再去执行函数"B(int i,int j,int k):A(i,j)"的函数体，所以执行语句"b4.display1();"输出的结果如图 4.3 所示的第四行。

4.9.4 派生类构造函数和析构函数调用顺序

例 4.4 案例描述 有以下程序，阅读程序，写出运行时输出的结果，尤其是调用构造函数和析构函数的过程。

```
#include <iostream>
using namespace std;
class A
{
public:
        A(){cout <<"constructing A "<< endl;}
        ~A(){cout <<"destructing A "<< endl;}
};
class B  : public A
{
public:
        B(){cout <<"constructing B "<< endl;}
        ~B(){cout <<"destructing B "<< endl;}
};
class C  : public B
{
public:
        C(){cout <<"constructing C "<< endl;}
        ~C(){cout <<"destructing C "<< endl;}
};
int main()
{
        C c1;
        return 0;
}
```

程序运行结果，如图 4.4 所示。

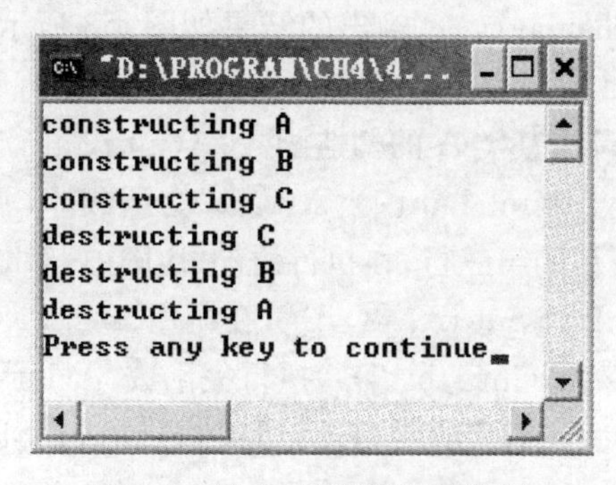

图 4.4 例 4.4 程序运行结果图

知识要点分析　本题主要涉及简单派生类构造函数和析构函数调用顺序问题，在建立一个派生类对象时，在调用派生类构造函数过程中先去调用基类构造函数，再执行派生类构造函数本身（即派生类构造函数的函数体），在释放派生类对象时，先调用派生类析构函数，再调用基类析构函数。程序运行结果如图 4.4 所示。

在执行语句“C c1;”时，调用 C 类的构造函数“C()”，在调用构造函数“C()”过程中（没执行函数体前），去调用 B 类的构造函数“B()”，在调用构造函数“B()”过程中（没执行函数体前），去调用 A 类的构造函数“A()”（执行函数体），所以输出结果如图 4.4 所示的第一行，A 类的构造函数调用完成后，返回到 B 类的构造函数处，执行 B 类构造函数的函数体，所以输出结果如图 4.4 所示的第二行，B 类的构造函数调用完成后，返回到 C 类的构造函数处，执行 C 类构造函数的函数体，所以输出结果如图 4.4 所示的第三行；当对象 c1 的生命周期结束时，要对对象 c1 所占用的存储空间做清理工作，也就是要调用析构函数，调用析构函数的顺序与调用构造函数的顺序是相反的，所以首先调用 C 类的析构函数“～C()”，输出结果如图 4.4 所示的第四行，其次调用 B 类的析构函数“～B()”，输出结果如图 4.4 所示的第五行，最后调用 A 类的析构函数“～A()”，输出结果如图 4.4 所示的第六行。

4.9.5　赋值兼容性

例 4.5　案例描述　通过派生类对象对基类对象赋值来学习基类对象与派生类对象的赋值兼容。

案例实现

```
#include<iostream>
#include<string>
using namespace std;
class A
{
private:
      int x;
      int y;
public:
      A(int x, int y)
      {
          this->x = x;
          this->y = y;
      }
      void show()
      {
         cout<<"x = "<<x<<endl;
         cout<<"y = "<<y<<endl;
      }
};
```

```
class B:public A
{
private:
    int z;
public:
    B(int x, int y, int z) :A(x,y)
    {
        this->z = z;
    }
    void show()
    {
        A::show();
        cout <<"z ="<< z << endl;
    }
};
void main()
{
    A a1(1,2);
    B b1(3,4,5);
    a1 = b1;                    //合法转换,派生类对象可以赋值给基类对象
    //b1 = a1;                  //非法转换,基类对象不可以赋值给派生类对象
    a1. show();
}
```

程序运行结果,如图 4.5 所示。

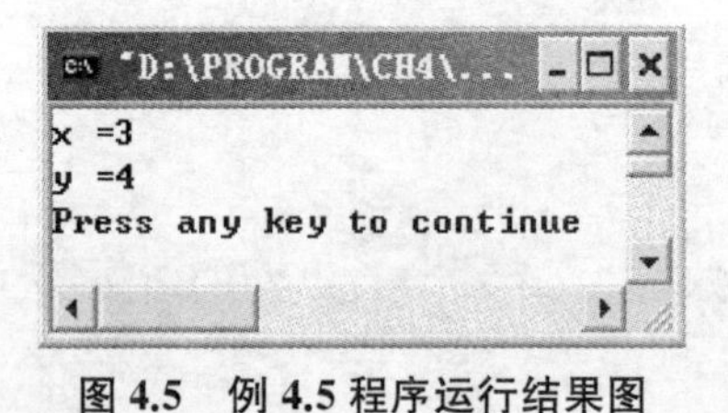

图 4.5 例 4.5 程序运行结果图

知识要点分析 公有继承的情况下,派生类对象中涉及基类中的部分与基类中的部分是兼容的,所以是可以赋值转换的,反之则不行。

4.9.6 继承与组合

例 4.6 案例描述 定义一个学生类和一个教师类,再通过继承学生类派生出一个研究生类,研究生有一个导师,导师也是教师(通过组合实现)。

案例实现

```
# include < iostream >
# include < string >
```

```
using namespace std;
class Teacher
{
        string name;            //姓名
        string title;           //职称
  public :
        Teacher(string name1, string title1)
        {
            name = name1;
            title = title1;
        }
        void display()
        {
            cout <<"姓名: "<< name << endl;
            cout <<"职称: "<< title << endl;
        }
};
class Student
{
private:
        int num;                    //学号
        string name;                //姓名
        string sex;                 //性别
        int age;                    //年龄
public:
        Student(int num1, string name1, string sex1, int age1)
        {
            num = num1;
            name = name1;
            sex = sex1;
            age = age1;
        }
        void display()
        {
            cout <<"学号:"<< num << endl;
            cout <<"姓名:"<< name << endl;
            cout <<"性别:"<< sex << endl;
            cout <<"年龄:"<< age << endl;
        }
```

```
};
class Graduate :public Student
{
private:
        string direction;            //研究方向
        Teacher adviser;             //导师
public:
        //构造函数中通过初始化列表来赋值
        Graduate( int num, string name, string sex, int age, string direction,
            string tname,
            string title) :Student(num, name, sex, age), adviser(tname,title)
        {
            this -> direction = direction;
        }
        void display()
        {
            cout <<"研究生信息:"<< endl;
            Student::display();      //调用父类 student 的方法
            cout <<"研究方向:"<< direction << endl;
            cout <<"导师信息:"<< endl;
            adviser.display();       //调用 adviser 对象的方法
        }
};
void main()
{
        Graduate g1(2013091201,"张三","男",19,"计算机应用","李四","教授");
        g1.display();
}
```

程序运行结果,如图 4.6 所示。

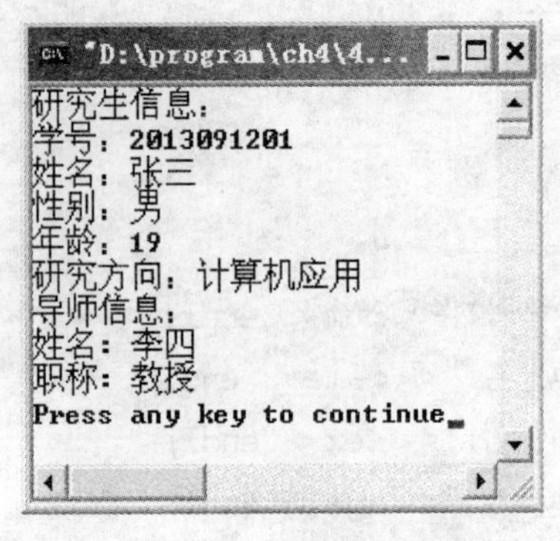

图 4.6　例 4.6 程序运行结果图

知识要点分析 该案例共有三个类，其中学生类继承了研究生类，可以理解为研究生是特殊的学生，但和教师类的关系如果用继承就不恰当了，不能说研究生是一个导师，应该是研究生包含一个教师对象（导师），所以组合的关系较恰当，应合理使用继承与组合才会使得程序思维清晰。

4.9.7 综合案例

例 4.7 例 4.7 案例描述 设计一个点 Point 类，从点 Point 类派生出圆 Circle 类，再从圆 Circle 类派生出圆柱 Cylinder 类，设计成员函数输出圆的面积以及圆柱的表面积和体积。

案例实现

Point 类中有两个私有成员 x、y 用来表示直角坐标系中的点，Point 类的声明如下：

```
const float PI = 3.14;
class Point
{
        int x,y;
};
```

以 Point 类为基类派生出派生类 Circle 类，在派生类中增加用来表示圆半径的受保护成员 r(以便在其派生类中被访问)，同时增加 Circle 类的构造函数、求面积的 area 函数和输出面积的 print 函数。Circle 类的声明如下：

```
class Circle:public Point
{
protected:
        int r;
public:
        Circle(int r = 0);
        double area();
        void print();
};
Circle::Circle(int r)
{
        this -> r = r;
}
double Circle::area()
{
        return PI * r * r;
}
void Circle::print()
{
        cout <<"圆的面积:"<< area()<< endl;
}
```

以 Circle 类为直接基类派生出派生类 Cylinder 类，在派生类中增加用来表示圆柱高的私有成员 h，同时增加 Cylinder 类的构造函数、计算表面积的 area 函数、计算体积的 volume 函数和输出面积、体积的 print 函数。Cylinder 类的声明如下：

```
class Cylinder:public Circle
{
        int h;
public:
        Cylinder(int r,int h);
        double area();
        double volume();
        void print();
};
Cylinder::Cylinder(int r,int h):Circle(r)
{
        this->h=h;
}
double Cylinder::area()
{
        return 2*PI*r*r+2*PI*r*h;
}
double Cylinder::volume()
{
        return PI*r*r*h;
}
void Cylinder::print()
{
        cout<<"圆柱的表面积是:"<<area()<<endl;
        cout<<"圆柱的体积是:"<<volume()<<endl;
}
```

主函数的定义如下：

```
int main( )
{
        Circle cir(2);
        Cylinder cyl(1,2);
        cir.print();
        cyl.print();
        return 0;
}
```

程序运行结果，如图 4.7 所示。

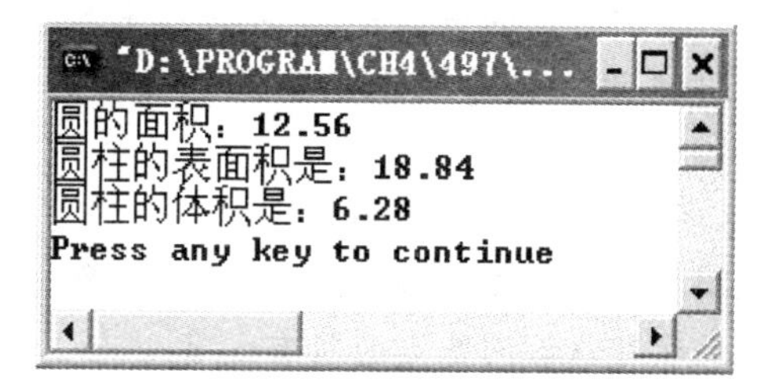

图 4.7　例 4.7 程序运行结果图

习　题

一、选择题

1. 若类 A 和类 B 的定义如下：

```
class A
{
      int i,j;
public:
      void get();
}
class B: A
{
      int k;
public:
      void make();
}
void B::make()
{
      k = i * j;
}
```

则上述定义中，(　　)是非法的表达式。

A. void get();　　B. int k;　　C. void make();　　D. k=i*j;

2. 从一个基类派生出的各个类的对象之间(　　)。

A. 共享所有数据成员，每个对象还包含基类的所有属性

B. 共享部分数据成员，每个对象还包含基类的所有属性

C. 不共享任何数据成员，但每个对象还包含基类的所有属性

D. 共享部分数据成员和函数成员

3. 下列对派生类的叙述中，错误的是(　　)。

A. 一个派生类可以作为另一个派生类的基类

B. 派生类至少有一个基类

C. 派生类的成员除了它自己的成员外,还包含它基类的成员

D. 无论哪种继承方式派生类中继承来的基类成员的访问权限在派生类中保持不变

4. 下列有关继承和派生的叙述中,正确的是(   )。

A. 如果一个派生类公有继承其基类,则该派生类对象可以访问基类的保护成员

B. 派生类的成员函数可以访问基类的所有成员

C. 基类对象可以赋值给派生类对象

D. 派生类对象可以赋值给基类的引用

5. 有如下类定义:

```
class MyBase  {
      int k;
public:
      MyBase(int n = 0) :k(n) { }
      int value(){ return k; }
};
class MyDerived : MyBase {
      int j;
public:
      MyDerived (int i) : j(i) { }
      int getK() { return k;}
      int getJ() { return j; }
};
```

编译时发现有一处语法错误,对这个错误最准确的描述是(   )。

A. 函数 getK 试图访问基类的私有成员变量 k

B. 在类 MyDerived 的定义中,基类名 MyBase 前缺少关键字 public、protected 或 private

C. 类 MyDerived 缺少一个无参的构造函数

D. 类 MyDerived 的构造函数没有对基类数据成员 k 进行初始化

6. 有如下程序:

```
# include< iostream >
using namespace std;
class A {
public :
      A(int i) { x = i;}
      void dispa () {cout << x << ',';}
private :
      int x;
};
class B : public A {
```

```
public :
        B(int i) : A(i+10)  { x = i;}
        void dispb() { dispa();cout << x << endl; }
private :
        int x;
};
int main()
{
        B b(2);
        b. dispb();
        return 0;
}
```

执行这个程序的输出结果是(　　)。

A. 10,2　　B. 12,10
C. 12,2　　D. 2,2

7. 有如下程序：

```
# include < iostream >
using namespace std;
class Music{
public:
            void setTitle(char *str) {strcpy(title,str); }
protected:
            char type[10];
private:
   char title[20];
};
class Jazz :public Music {
public :
            void set(char *str) {
                 strcpy (type, "Jazz");    //①
                 strcpy(title, star);      //②
            }
};
```

下列叙述中正确的是(　　)。

A. 程序编译正确　　B. 程序编译时语句①出错
C. 程序编译时语句②出错　　D. 程序编译时语句①和②都出错

8. 以下选项中错误的是(　　)。

A. 派生类可以有多个基类　　B. 一个基类可以有多个派生类
C. 一个基类只能有一个派生类　　D. 派生类可以有多个虚基类

9. 有如下类定义：

```
class B
{
public: void fun1 () { }
private: void fun2 () { }
Protected: void fun3 () { }
};
Class D:public B
{
protected : void fun4() { }
};
```

若 obj 是类 D 的对象，则下列语句中不违反访问控制权限的是(　　)。

A. obj.fun1()；　　B. obj.fun2()；　　C. obj.fun3()；　　D. obj.fun4()；

10. 有如下程序：

```
# include < iostream >
usingnamespace std;
class Base
{
private:
     void fun1 (){ cout << "fun1"; }
protected:
     void fun2 (){ cout << "fun2";}
public:
     void fun3 (){ cout <<"fun3"; }
};
classDerived : protected Base
{
public:
     void fun4 (){ cout << "fun4"; }
};
int main()
{
     Derived obj;
     obj.fun1 ();   //①
     obj.fun2 ();   //②
     obj.fun3();   //③
     obj.fun4();   //④
      return 0;
}
```

其中有语法错误的语句是(　　)。

A. ①②③④　　B. ①②③　　C. ②③④　　D. ①④

11. 有如下程序:

```
# include < iostream >
using namespace std;
class Base1
{
public:
        Base1 (int d) { cout << d; }
        ~Base1 () { }
};
class Base2
{
public :
        Base2 (int d) { cout << d; }
        ~Base2 () { }
};
class Derived : public Base1, Base2
{
public:
        Derived (int a, int b, int c,int d):Base1(b),Base2(a),b1(d),b2(c)
        { }
private :
        int b1;
        int b2;
};
int main()
{
        Derived d(1,2,3,4);
        return 0;
}
```

执行这个程序的输出结果是(　　)。

A. 1234　　B. 2134　　C. 12　　D. 21

12. 有如下程序:

```
# include < iostream >
usingnamespace std;
class A {
public:
      virtual void func1() { cout <<"A1"; }
```

```
        void func2()  { cout <<"A2"; }
};
class B: public A {
public:
        void func1() { cout <<"B1"; }
        void func2() { cout <<"B2"; }
};
intmain()
{
        A *p = new B;
        p -> func1();
        p -> func2();
        delete p;
        return 0;
}
```

执行这个程序的输出结果是(　　)。

A. B1B2　　B. A1A2　　C. B1A2　　D. A1B2

二、填空题

1. 写出以下程序的执行结果。

```
#include<iostream>
using namespace std;
class A
{
        int a;
public:
        A(int aa = 0)
        {
            a = aa;
            cout <<"调用了 A 类的构造函数!"<< a << endl;
        }
        ~A()
        {
            cout <<"调用了 A 类的析构函数!"<< a << endl;
        }
};
class B : public A
{
        int b;
public:
```

```
        B(int aa = 0,int bb = 0):A(aa)
        {
            b = bb;
            cout <<"调用了 B 类的构造函数!"<< b << endl;
        }
        ~B()
        {
            cout <<"调用了 B 类的析构函数!"<< b << endl;
        }
};
void main()
{
    A a(5);
    B b(10,20);
}
```

2. 写出以下程序的执行结果。

```
# include  < iostream.h >
class AA
{
public:
      AA(){cout <<"AA"<< endl;}
};
class BB:public AA
{
public:
      BB():AA() {cout <<"BB"<< endl;}
};
void main()
{
      BB b;
}
```

3. 写出以下程序的执行结果。

```
# include < iostream >
usingnamespace std;
class A
{
public:
      A(){cout <<"A"<< endl;}
};
```

```
class B:public A
{
public:
        B(  ) {cout <<"B"<< endl;}
};
class  D:public B
{
        A  a;
public:
        D():a(),B(){cout <<"D"<< endl;}
};
int main()
{
        D d;
        return 0;
}
```

4. 写出以下程序的执行结果。

```
# include < iostream >
usingnamespace std;
class B
{
public:
         B();
         B(int i);
         ~B();
         void Print();
private:
         int b;
};
B::B()
{
        b = 0;
        cout <<"B's default constructorcalled. "<< endl;
}
B::B(int i)
{
        b = i;
        cout <<"B's constructor called. " << endl;
}
```

```
B::~B()
{   cout <<"B'sdestructor called."<< endl; }
void B::Print()
{   cout << b << endl;   }
class C:public B
{
public:
        C();
        C(int i,int j);
        ~C();
        void Print();
private:
        int c;
};
C::C()
{
        c = 0;
        cout <<"C's default constructorcalled."<< endl;
}
C::C(int i,int j):B(i)
{
      c = j;
      cout <<"C's constructorcalled."<< endl;
}
C::~C()
{     cout <<"C'sdestructor called."<< endl;     }
void C::Print()
{
      B::Print();
      cout << c << endl;
}
void main()
{
      C obj(5,6);
      obj.Print();
}
```

5. 写出以下程序的执行结果。

```
# include < iostream >
using namespace std;
```

```
class A
{
public: int n;
};
class B
{
public: int n;
};
class C:public B,public A
{
        int n;
public:
        void set(int x){ n = x;}
        void show(){cout << n << endl;}
};
int main()
{
    C c;
    c.set(5);
    c.show();
    return0;
}
```

6. 写出以下程序的执行结果。

```
# include < iostream.h >
Class A
{
public:
          A(){cout <<"Generate A"<< endl;}
          ~A(){cout <<"Destroy A"<< endl;}
};
class B:public A
{
public:
          B():A(){cout <<"Generate B"<< endl;}
         ~B(){cout <<"Destroy B"<< endl;}
};
int main()
{
        B b;
```

```
        return 0;
}
```

7. 下面一段类定义中，D 类公有继承了基类 B。试根据注释完善程序。

```
class B
{
private:
        int t1,t2;
public:
        B(int m1,int m2){ t1 = m1;t2 = m2}
        void output(){ cout << t1 << ' ' << t2;}
};
class D:public B
{
private:
        int t3;
public:
        D(int m1,int m2,int m3);
                              //由 m1 和 m2 分别初始化 t1 和 t2,由 m3 初始化 t3
        void output()         //输出数据成员 t1、t2 和 t3 的值
        {
                __________;
                cout << t3 << ednl;
        }
};
D::D(intm1,int m2,int m3):________
{
  __________;
}
```

微信扫码
习题答案 & 相关资源

第5章

多态性与虚函数

5.1 多态

5.1.1 多态的概念与作用

多态性是面向对象程序设计的重要特征之一。如果语言不支持多态技术，严格上说就不能称为面向对象的，最多只能称为是基于对象的。

多态性是指发出同样的消息被不同类型的对象接收时产生不同的行为。每个对象可以用自己的方式去响应共同的消息，所谓消息就是调用类的成员函数，响应就是执行函数体程序，也就是调用不同的函数(函数名相同，但函数体不同)。

多态性提供了同一个接口可以用多种方法进行调用的机制，从而可以通过相同的接口访问不同的函数。具体地说，就是同一个函数名称，作用在不同的对象上将产生不同的操作。具有不同功能的函数可以用同一个函数名，这样就可以实现用一个函数名调用不同内容的函数。多态性提供了把接口与实现分开的另一种方法，提高了代码的组织性和可读性，更重要的是提高了软件的可扩充性。多态性是面向对象的核心，它最主要的思想就是可以采用多种形式的能力，通过一个用户名字或者用户接口完成不同的实现。

从系统实现的角度来看，多态性分为两类：静态多态和动态多态。

5.1.2 实现多态的方法

在C++中实现多态的方法有以下三种方式。

(1) 函数重载：函数重载规则是具有相同的函数名，但实现不同的函数，需在函数参数的个数、类型或顺序上有所不同以便选择调用；

(2) 运算符重载：运算符重载的含义是对已有的运算符进行重新定义，使其具有新功能。即为了满足某种操作的需要，在原有运算符实现不了、又不增加新的运算符种类的基础上，对含义相近的运算符进行重载；

(3) 虚函数：通过类的继承和定义虚函数实现多态。

5.2 虚函数

5.2.1 虚函数作用

一般对象的指针之间没有联系，彼此独立，不能混用。但派生类是由基类派生而来的，它们之间有继承关系，因此，指向基类和派生类的指针之间也有一定的联系，如果使用不当，将会出现一些问题。为了解决这些问题，我们引入了虚函数的概念。

虚函数是重载的另一种形式，实现的是动态的重载，即函数调用与函数体之间的联系是在运行时才建立的，也就是动态联编。虚函数是在类的继承中实现多态的重要手段。

5.2.2 虚函数声明

虚函数的定义是在基类中进行的，即把基类中需要定义为虚函数的成员函数声明为virtual。当基类中的某个成员函数被声明为虚函数后，它就可以在派生类中被重新定义。在派生类中重新定义时，其函数原型，包括返回类型、函数名、参数个数和类型、参数的顺序都必须与基类中的原型完全一致。

虚函数定义的一般形式为：

```
virtual <函数类型><函数名>(参数列表)
{
        函数体
}
```

虚函数与重载函数的关系：在派生类中被重新定义的基类中的虚函数是函数重载的另一种形式，但它与函数重载又有区别。一般的函数重载，要求其函数的参数或参数类型必须有所不同，函数的返回类型也可以不同，但重载一个虚函数时，要求函数名、返回类型、参数个数、参数的类型和参数的顺序必须与基类中的虚函数的原型完全相同。如果仅返回类型不同，其余相同，则系统会给出错误信息；如果函数名相同，而参数个数、参数的类型或参数的顺序不同，系统认为是普通的函数重载，虚函数的特性将丢失。

5.2.3 虚函数使用

虚函数的使用原则：

（1）必须是类的成员函数，不能是 inline 函数、静态成员函数或友元函数。但可以在另一个类中被声明为友元函数；

（2）虚函数的声明只能出现在类声明的函数原型的声明中，不能出现在函数实现的时候，而且，基类中只有保护成员或公有成员才能被声明为虚函数；

（3）在派生类中重新定义虚函数时，关键字 virtual 可以写也可以不写，但在容易引起混乱时，应加上该关键字；

（4）动态联编只能通过成员函数来调用或通过指针、引用来访问虚函数，如果用对象名的形式来访问虚函数，将采用静态联编；

（5）构造函数不能声明为虚函数，析构函数可以声明为虚函数。

5.3 静态联编与动态联编

5.3.1 静态联编与动态联编

联编也称为绑定，是指源程序在编译后生成的可执行代码经过连接装配在一起的过程。也就是将模块或者函数合并在一起生成可执行代码的处理过程，同时也是对每个模块或者函数调用分配内存地址的过程。联编分为两种：静态联编和动态联编。

(1) 静态联编：在编译阶段就将函数实现和函数调用关联起来称之为静态联编。静态联编在编译阶段就必须了解所有的函数或模块执行所需要检测的信息，它对函数的选择是基于指向对象的指针（或者引用）的类型在运行前就完成联编，也称前期联编，这种联编在编译时就决定如何实现某一动作。这种联编方式的函数调用速度很快，效率也很高。

(2) 动态联编。在运行时动态地决定实现某一动作，又称滞后联编。这种联编要到程序运行时才能确定调用哪个函数，提供了更好的灵活性和程序的易维护性。动态联编对成员函数的选择不是基于指针或者引用，而是基于对象类型，不同的对象类型将做出不同的编译结果。

5.3.2 静态多态与动态多态

多态分为两种：静态多态和动态多态。

(1) 由静态联编支持的多态性称为编译时多态性或静态多态性，也就是说，确定同名操作的具体操作对象的过程是在编译过程中完成的。C++用函数重载和运算符重载来实现编译时的多态性；

(2) 由动态联编支持的多态性称为运行时的多态性、活动态多态性，也就是说，确定同名操作的具体操作对象的过程是在运行过程中完成的。C++用继承和虚函数来实现运行时的多态性。

5.4 纯虚函数与抽象类

5.4.1 纯虚函数

纯虚函数是在一个基类中说明但没有实现的、特殊的虚函数，它在该基类中没有具体的操作内容，要求各派生类在重新定义时根据自己的需要定义实际的操作内容。

纯虚函数的一般定义形式为：

```
virtual <函数类型><函数名>(参数表) = 0 ;
```

纯虚函数与普通虚函数的定义的不同在于书写形式上加了“=0”，说明在基类中不用定义该函数的函数体，它的函数体由派生类定义。

5.4.2 抽象类

如果一个类中至少有一个纯虚函数，这个类就称为抽象类。抽象类是一种特殊的类，它为一族类提供统一的操作界面，建立抽象类就是为了通过它多态地使用其中的成员函数。

它的主要作用是为一个族类提供统一的公共接口，以有效地发挥多态的特性。

说明：

(1) 抽象类只能用作其他类的基类，不能建立抽象类的对象，因为它的纯虚函数没有定义功能。

(2) 抽象类不能用作参数类型、参数的返回类型或显式转换的类型。

(3) 可以声明抽象类的指针和引用，通过指针和引用，可以指向并访问派生类对象，从而访问派生类的成员。

(4) 若抽象类的派生类中没有给出所有纯虚函数的函数体，这个派生类仍是一个抽象类。若抽象类的派生类中给出了所有纯虚函数的函数体，这个派生类将不再是一个抽象类，可以声明自己的对象。

5.5 本章案例

例 5.1　案例描述　阅读程序，写出程序输出的结果，分析程序执行过程，尤其是虚函数的调用过程。

```
# include < iostream >
# include < string >
using namespace std;
class Person
 {
public:
       Person(string nam)
        {
            name = nam;
        }
       virtual void print()
        {
            cout <<"我的名字是"<< name <<".\n";
       }
protected:
       string name;
};
class Student:public Person
{
public:
       Student(string nam,string sp):Person(nam)
        {
            spec = sp;
       }
```

```
        void print( )
         {
            cout <<"我的名字是"<< name <<",我的专业是"<< spec <<".\n";
        }
private:
        string spec;
};
class Professor:public Person
{
public:
        Professor(string nam,int n):Person(nam)
         {
            publs = n;
        }
        void print( )
        {
            cout <<"我的名字是"<< name <<",我已出版了"<< publs <<"本教材.\n";
        }
private:
        int publs;
};
int main()
{
        Person *p;
        Person x("张刚");
        Student y("王强","计算机");
        Professor z("李明",5);
        p = &x;  p -> print();
        p = &y;  p -> print();
        p = &z;  p -> print();
        return 0;
}
```

程序运行结果,如图 5.1 所示。

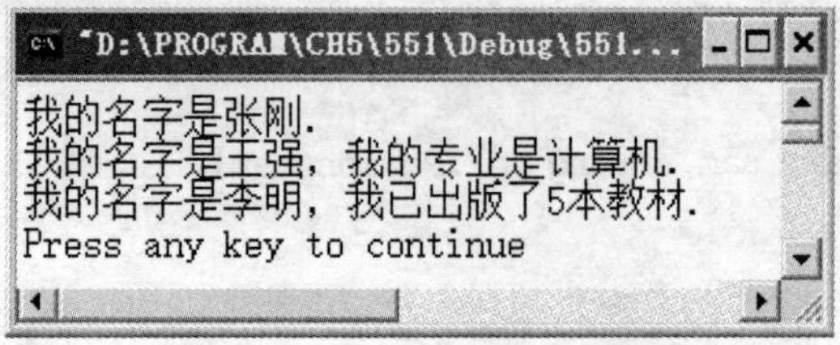

```
"D:\PROGRAM\CH5\551\Debug\551...
我的名字是张刚.
我的名字是王强, 我的专业是计算机.
我的名字是李明, 我已出版了5本教材.
Press any key to continue
```

图 5.1 例 5.1 程序运行结果图

知识要点分析　该题定义了一个基类 Person，以 Person 为基类派生出派生类 Student 和 Professor，在基类定义一个虚函数 print，在两个派生类中分别重写了 print 函数。在主函数中定义一个指向基类的指针变量 p，定义了三个类 Person、Student 和 Professor 的对象 x、y 和 z，当执行语句“p=&x;”时，p 指向基类对象 x，执行语句时“p -> print();”，调用基类的 print 函数，所以输出结果如图 5.1 所示的第一行；当执行语句“p=&y;”时，p 指向派生类对象 y，执行语句时“p -> print();”，调用派生类 Student 的 print 函数，所以输出结果如图 5.1 所示的第二行；当执行语句“p=&z;”时，p 指向派生类对象 z，语句“p -> print();”，调用派生类 Professor 的 print 函数，所以输出结果如图 5.1 所示的第三行。

例 5.2　案例描述　在几何学中，先是有点的概念，然后才是由点构成的其他各种几何形状。例如，在平面中到定点的距离都相等的所有的点构成了一个圆，由圆又可以推出圆柱体的概念。点没有体积和面积的概念，圆有面积的概念而无体积的概念，而圆柱体兼有体积和表面积两者的概念。试使用C++中类的概念编程实现上述关系，输出各种几何形状的表象。

案例实现

从点→圆→圆柱体，利用类的继承和派生，可以很容易地实现这种转换关系。考虑到所有的几何形状，先声明一个最底层的抽象基类 Form(形状)，这样所有的其他几何图形的类都是这个基类的直接或间接派生类，在 Form 类中声明三个成员函数，分别是面积，体积和几何形状名称，三个成员函数都声明为虚函数。利用 Form 类派生出点的概念，进而获得圆和圆柱体的类。对于点，面积和体积都设为 0;圆柱的体积设为 0。

(1) 声明一个抽象形状基类 From，代码如下：

```
#include <iostream.h>
const float PI = 3.14;
class Form //声明形状基类
 {
public:
   virtual double area()  {return 0.0;} //声明面积虚函数
   virtual double bulk()  {return 0.0;} //声明体积虚函数
   virtual void formName() = 0; //声明形状纯虚函数
};
```

(2) 由 From 类派生出点 Point 类，代码如下：

```
class Point:public Form   //声明点类
 {
public:
   Point(double a = 0,double b = 0);
   void setPoint(double a,double b);
   double getX()   {return x;} //声明成员函数返回点坐标
   double getY()   {return y;}
   virtual void formName()  {cout <<"点:";} //声明类的形状类型
```

```
    friend ostream & operator <<(ostream &, Point &);
protected:
    double x;
    double y;
};
Point::Point(double a,double b)
 {
    x = a;
    y = b;
 }
void Point::setPoint(double a,double b)
 {
    x = a;
    y = b;
 }
ostream & operator <<(ostream &output, Point &p)
 {
    output <<"("<< p.x <<","<< p.y <<","<<")";
    return output;
 }
```

(3) 由 Point 类派生出圆 Circle 类,代码如下:

```
class Circle:public Point  //声明圆类
 {
public:
       Circle(double x = 0,double y = 0,double r = 0);
    void setRadius(double);
    double getRadius(); //声明返回圆的半径的成员函数
    virtual double girth(); //声明返回圆的周长的成员函数
    virtual double area(); //声明返回圆的面积的成员函数
    virtual void formName()    //声明返回圆的形状的成员函数
     {cout <<"圆:";}
    friend ostream & operator <<(ostream &, Circle &);
protected:
    double radius;
};
Circle::Circle(double x,double y,double r): Point(x,y),radius(r){}
void Circle::setRadius(double r)
 {
    radius = r;
```

```
}
double Circle::getRadius()
{
   return radius;
}
double Circle::girth()
 {
   return 2 * PI * radius;
}
double Circle::area()
 {
   return PI * radius * radius;
}
ostream & operator <<(ostream &output, Circle &c)
 {
   output <<"("<< c.x <<","<< c.y <<","<<"),r = "<< c.radius;
   return output;
}
```

(4) 由 Circle 类派生出圆柱体 Cylinder 类,代码如下:

```
class Cylinder:public Circle
 {
public:
   Cylinder(double a = 0,double b = 0,double r = 0,double h = 0);
   void setHeight(double); //声明返回圆柱体的高的成员函数
   virtual double area(); //声明返回圆柱体的表面积的成员函数
   virtual double bulk(); //声明返回圆柱体的体积的成员函数
   virtual void formName()   //声明返回圆柱体的形状的成员函数
    {
        cout <<"圆柱体:";
    }
   friend ostream & operator <<(ostream &, Cylinder &);
protected:
   double height;
};
Cylinder::Cylinder(double a,double b,double r,double h):
                 Circle(a,b,r),height(h)
                  {}
void Cylinder::setHeight(double h)
 {
```

```
    height = h;
}
double Cylinder::area()
{
    return 2 * Circle::area() + Circle::girth() * height;
}
double Cylinder::bulk()
{
    return Circle::area() * height;
}
ostream & operator <<(ostream & output, Cylinder & cy)
{
    output <<"("<< cy.x <<","<< cy.y <<","<<"), r = "<< cy.radius <<", h = "<<
    cy.height;
    return output;
}
```

(5) 建立类的对象进行验证，代码如下：

```
int main()
{
    Point p(5.5,5.8);
    Circle c(5.5,5.8,12.0);
    Cylinder cy(5.5,5.8,12.0,31.2);
    Form *pt;
    pt = &p;
    pt -> formName();
    cout << p << endl;
    cout <<"面积 = "<< pt -> area()<<"\n 体积 = "<< pt -> bulk()<< endl;
    cout << endl;
    pt = &c;
    pt -> formName();
    cout <<"面积 = "<< pt -> area()<<"\n 体积 = "<< pt -> bulk()<< endl;
    cout << endl;
    pt = &cy;
    pt -> formName();
    cout << cy << endl;
    cout <<"面积 = "<< pt -> area()<<"\n 体积 = "<< pt -> bulk()<< endl;
    cout << endl;
    return 0;
}
```

程序运行结果,如图 5.2 所示。

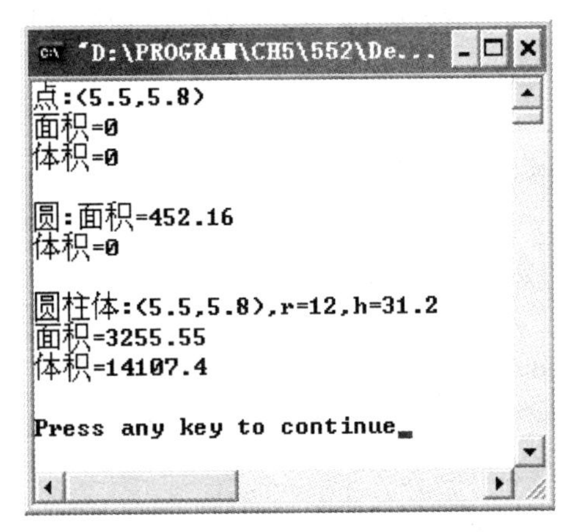

图 5.2　例 5.2 程序运行结果图

例 5.3　案例描述　某软件公司现有三类人员:行政管理人员、项目开发人员和项目开发部门的管理人员(既承担行政管理工作,又参与项目开发)。现在需要对公司的人员信息进行统一管理,存储人员的编号、姓名、职务级别、固定月薪和计算每月奖金,并且能够显示其全部月收入。

人员的编号基数为 8 000,每当新增加一个人员是编号顺序加 1 即可;

行政管理人员和项目开发人员均划分成三个等级,行政管理人员分为总经理、部门经理和小组长;项目开发人员分为工作时间不满一年的、工作时间超过一年不到三年的和工龄在三年以上的。

行政管理人员的最高级别为总经理,每月工资为 12 000 元,固定月薪的计算公式为 12 000 * (3－级别＋1)/3;每月固定奖金为 3 500 元。

项目开发人员的最高级别是工龄在三年以上的员工,每月工资为 6 000 元,固定月薪的计算公式为 6 000 * (3－级别＋1)/3＋奖金为其加班的小时数 * 40 元/小时＋500 元。

项目开发部门的管理人员的待遇同项目开发人员的待遇,另外还有再加上小组长级别的固定月薪。试编程实现上述人员管理。

案例实现

对于三类公司职员,都有其共同的特征:一个雇员的基本信息。一个雇员的基本信息包括这个雇员的编号、姓名、职务级别和月收入,所以首先声明一个公司雇员的抽象基类 Company_Employee,包含一个基本雇员的信息,Company_Employee 类声明代码如下:

```
#include <iostream>
#include <string>
using namespace std;
class Company_Employee    //定义公司雇员的基类
{
public:
      Company_Employee();
```

```
        virtual void Month_Pay() = 0;   //计算月薪虚函数
        virtual void Show_Status() = 0;   //显示雇员信息虚函数
protected:
        string name;   //姓名
        int serial_number;   //编号
        int position;   //职务级别
        float monthly_pay; //月收入
};
Company_Employee::Company_Employee()
{
        cout <<"请输入职员的编号:";
        cin >> serial_number;
        while(serial_number<8000)
        {
            cout <<"输入编号错误,请重新输入!"<< endl;
            cout <<"请输入职员的编号:";
            cin >> serial_number;
        }
        cout <<"请输入职员的姓名:";
        cin >> name;
        cout <<"请输入职员的级别:";
        cin >> position;
}
```

第二,声明行政管理人员类 Employee_Manager,行政管理人员比普通的雇员增加了每月的固定奖金,所以以 Company_Employee 为基类派生出的 Employee_Manager 派生类中增加成员 month_pay 表示每月固定奖金,行政管理人员类 Employee_Manager 声明代码如下:

```
class Employee_Manager:virtual public Company_Employee   //行政管理人员类
{
public:
        Employee_Manager();
        void Month_Pay();
        void Show_Status();
private:
        int month_pay; //每月奖金
};
Employee_Manager::Employee_Manager()
{
        month_pay = 3500;
```

```
}
void Employee_Manager::Month_Pay()
{
    monthly_pay = 12000 * (3 - position + 1)/3 + month_pay;
    cout <<"行政管理人员"<< name <<"月收入为:"<< monthly_pay <<"元"<< endl;
}
void Employee_Manager::Show_Status()
{
    cout <<"行政管理人员"<< name <<"编号"<< serial_number <<"级别"<<
position <<"本月收入"<< monthly_pay <<"元"<< endl;
    cout << endl;
}
```

第三,声明项目开发人员类 Employee_Developer,项目开发人员比普通的雇员增加了加班的小时数和每月的固定奖金,所以以 Company_Employee 为基类派生出的 Employee_Developer 派生类中增加成员 hour_salary 表示每小时的加班费、work_hours 表示加班累计小时数和 month_pay 表示每月固定奖金,所以项目开发人员类 Employee_Developer 声明代码如下:

```
class Employee_Developer:virtual public Company_Employee    //项目开发人员类
{
public:
    Employee_Developer();
    void Month_Pay();
    void Show_Status();
protected:
    int hour_salary;    //每小时的加班费
    int work_hours;    //加班累计小时数
    int month_pay;  //月奖金额
};
Employee_Developer::Employee_Developer()
{
    cout <<"请输入职员的加班累计小时数:";
    cin >> work_hours;
    hour_salary = 40;
    month_pay = 500;
}
void Employee_Developer::Month_Pay()
{
    monthly_pay = 6000 * (3 - position + 1)/3 + work_hours * hour_salary + 500;
    cout <<"项目开发人员"<< name <<"本月收入"<< monthly_pay <<"元"<< endl;
```

```
}
void Employee_Developer::Show_Status()
 {
      cout <<"项目开发人员"<< name <<"编号"<< serial_number <<"级别"<<
position <<"本月收入"<< monthly_pay <<"元"<< endl;
      cout << endl;
}
```

第四,声明项目开发部门管理人员类 Employee_Branch,项目开发部门管理人员同时具有行政管理人员和项目开发人员的特点,所以由行政管理人员类 Employee_Manager 和项目开发人员类 Employee_Developer 派生出 Employee_Branch,因为行政管理人员类 Employee_Manager 和项目开发人员类 Employee_Developer 含有相同的成员,为了让它们相同的成员在项目开发部门管理人员类 Employee_Branch 只有一个拷贝,所以在声明行政管理人员类 Employee_Manager 和项目开发人员类 Employee_Developer 时,将它们声明为虚基类。项目开发部门管理人员类 Employee_Branch 类的声明代码如下:

```
class Employee_Branch:public Employee_Developer,public Employee_Manager
                                                            //项目管理人员类
 {
public:
      Employee_Branch() {}
      void Month_Pay();
      void Show_Status();
};
void Employee_Branch::Month_Pay()
 {
      monthly_pay = 6000 * (3 - position + 1)/3 + work_hours * hour_salary + 12000
 * (3 - 3 + 1)/3 + Employee_Developer::month_pay;
      cout <<"项目管理人员"<< name <<"月收入为:"<< monthly_pay <<"元"<<
endl;
}
void Employee_Branch::Show_Status()
 {
      cout <<"项目管理人员"<< name <<"编号"<< serial_number <<"级别"<<
position <<"本月收入"<< monthly_pay <<"元"<< endl;
      cout << endl;
}
```

第五,定义用来管理菜单的 Menu_Manager 类,该类主要实现菜单的显示和接受菜单选择的功能,Menu_Manager 类声明代码如下:

```
class Menu_Manager    //菜单类
```

```
{
public:
      Menu_Manager() {}
      void Menu_Choice();   //显示菜单选项函数
      char Get_Choice(); //接受菜单选择函数
};
void Menu_Manager::Menu_Choice()
{
      cout <<"请选择菜单:"<< endl;
      cout <<"        行政管理(M 或 m)"<< endl;
      cout <<"        开发人员(D 或 d)"<< endl;
      cout <<"        项目管理(B 或 b)"<< endl;
      cout <<"        退出系统(Q 或 q)"<< endl;
      cout <<"请输入你的选择:";
}
char Menu_Manager::Get_Choice()
{
      char ch;
      cin >> ch;
      return ch;
}
```

最后,定义主函数,主函数代码如下:

```
void main()
{
     char ch;
     Menu_Manager *menu = new Menu_Manager;
     menu -> Menu_Choice();
     ch = menu -> Get_Choice();
     while(ch!= 'q'&&ch!= 'Q')   //循环查询雇员信息
     {
          switch(ch)
          {
          case'd':
          case'D':
                  {
                    Employee_Developer *developer = new Employee_Developer;
                    developer -> Month_Pay();
                    developer -> Show_Status();
                    delete developer;
```

```
                break;
            }
            case'm':
            case'M':
                {
                    Employee_Manager *manager=new Employee_Manager;
                    manager->Month_Pay();
                    manager->Show_Status();
                    delete manager;
                    break;
                }
            case'b':
            case'B':
                {
                    Employee_Branch *Branch=new Employee_Branch;
                    Branch->Month_Pay();
                    Branch->Show_Status();
                    delete Branch;
                    break;
                }
            default:
                {
                    cout<<"菜单选择错误,请重新选择!"<<endl;
                    break;
                }
        }
        menu->Menu_Choice();
        ch=menu->Get_Choice();
    }
    delete menu;
}
```

程序运行结果,如图 5.3 所示。

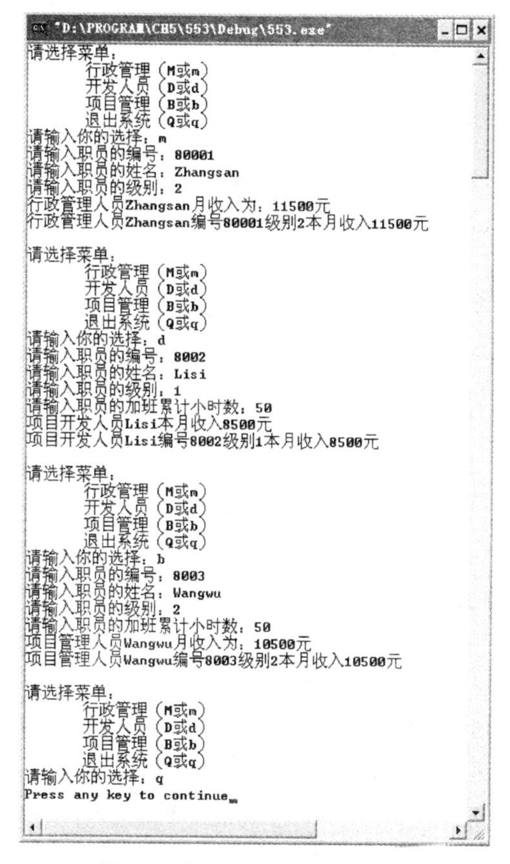

图 5.3　例 5.3 程序运行结果图

习　题

一、选择题

1. 下列叙述正确的是(　　)。

A. 只要是类的成员函数就可以声明为虚函数

B. 虚函数必须是类的成员函数

C. 含有纯虚函数的类是不可以来创建对象的，因为它是虚基类

D. 静态数据成员可以通过构造函数来初始化

2. 有如下程序：

```
# include < iostream >
using namespacestd;
class Base
{
  public:
      void fun1() { cout <<"Base\n"; }
      virtual void fun2 () { cout << "Base\n";}
```

```
};
classDerived : public Base
{
  public:
      void fun1 () { cout <<"Derived\n"; }
      void fun2 () { cout <<"Derived\n"; }
};
voidf(Base& b) { b.fun1(); b. fun2(); }
int main ()
{
    Derived obj;
    f( obj);
    return 0;
}
```

执行这个程序的输出结果是(　　)。

A. Base
Base　　B. Base
Derived　　C. Derived
Base　　D. Derived
Derived

3. 下面关于多态性的描述错误的是(　　)。

A. 动态多态是通过类的继承关系和虚函数来实现的

B. 为实现动态多态,基类必须定义为含有纯虚函数的抽象类

C. 多态性通常使用虚函数或重载技术来实现

D. 静态多态是通过函数的重载或运算符的重载来实现的

二、填空题

以下程序输出的第一行是__________,第二行是__________,第三行是__________,第四行是__________。

```
# include < iostream. h >
class A
{
public:
    virtual void display()
    {
        cout <<"AAAA"<< endl;
    }
};
class B:public A
{
public:
    void display()
    {
```

```
            cout <<"BBBB"<< endl;
        }
};
int main()
{
        A a;
        B b;
        A *p;
        a.display();
        b.display();
        p = &a;
        p -> display();
        p = &b;
        p -> display();
        return 0;
}
```

微信扫码
习题答案 & 相关资源

第6章

综合案例

6.1 学生成绩管理系统

6.1.1 系统功能描述

设计一个简易的学生成绩管理系统，能够完成学生成绩的增加、删除、查找、修改、统计等操作，数据信息使用文件保存。要求系统具有菜单和提示，界面友好。

6.1.2 系统功能设计

1. 设计程序功能

学生成绩系统中学生的成绩信息按照学号的顺序进行存放。根据任务要求，下面将系统功能进行详细划分，功能结构如图 6.1 所示。

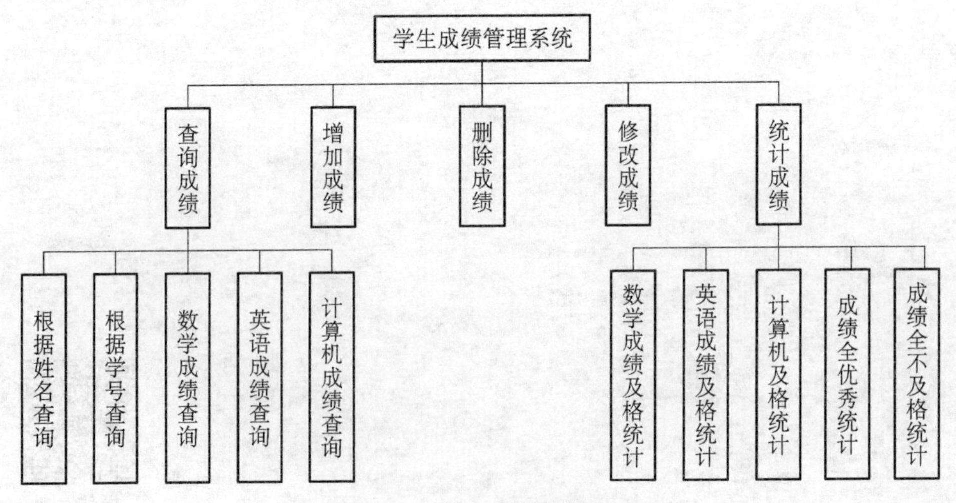

图 6.1　学生系统功能图

成绩的增加：通过键盘输入学生成绩信息并将其添加到学生成绩信息记录中，要求按照学号顺序插入。

成绩的删除：根据学生的学号从学生成绩信息记录中删除该学生成绩信息。

成绩的查找：可以根据学生的学号和姓名查找学生成绩信息，也可以根据某一门成绩的分数段查询学生成绩信息。

成绩的修改：根据学生的学号修改相应学生的成绩信息。

成绩的输出：将所有学生成绩信息输出。

成绩的统计：统计每门课程的及格人数显示不及格学生的信息，统计三门课程成绩全为优秀的学生人数，显示三门课程成绩全不及格的学生信息。

保存数据：利用文件操作将链表中学生成绩信息保存到文件。

加载数据：利用文件操作从文件中读取学生成绩信息，形成学生记录的链表。

2. 设计数据格式

要完成学生成绩信息的增、删、改、查及统计，首先设计一下内存中存放数据信息的格式。在本设计中采用动态内存空间分配的链表方法，该方法为一个结构分配内存空间。每一次分配一块空间可用来存放一个学生成绩的数据，可称之为一个结点。有多少个学生就应该申请分配多少块内存空间，也就是说要建立多少个结点。当然用结构数组也可以完成上述工作，但如果预先不能准确把握学生人数，也就无法确定数组大小。而且当学生留级、退学之后也不能把该元素占用的空间从数组中释放出来。

用动态存储的方法可以很好地解决这些问题。有一个学生就分配一个结点，无须预先确定学生的准确人数，某学生退学，可删去该结点，并释放该结点占用的存储空间。从而节约了内存资源。另一方面，用数组的方法必须占用一块连续的内存区域。而使用动态分配时，每个结点之间可以是不连续的(结点内是连续的)。结点之间的联系可以在结点结构中定义一个指针项用来存放下一结点的首地址。

可在第一个结点的指针域内存入第二个结点的首地址，在第二个结点的指针域内又存放第三个结点的首地址，如此串连下去直到最后一个结点的指针域为空。

3. 设计结点的组成

结点是一个结构体类型，由两个部分构成，第一部分是数据部分，在该系统中用来存放学生的学号、姓名、数学成绩、英语成绩、计算机基础成绩和三门成绩的总分；第二部分定义了一个结构体指针变量，该指针变量用来存放下一个结点的地址，如图 6.2 所示。

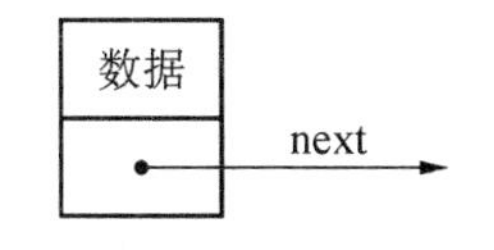

图 6.2　单个结点结构图

定义存放学生成绩信息结点的语句如下：

```
struct Score     //定义存放学生成绩信息的结点
 {
int num;    //学号
```

```
string name;    //姓名
float math;    //数学成绩
float english;    //英语成绩
float computer;    //计算机基础成绩
float scoresum;    //三门成绩总和
struct Score * next;    //next 为指向下一结点的指针
};
```

一个个结点就通过 next 指针连接起来形式了单向链表的结构如图 6.3 所示。h 指针指向链表的首结点。

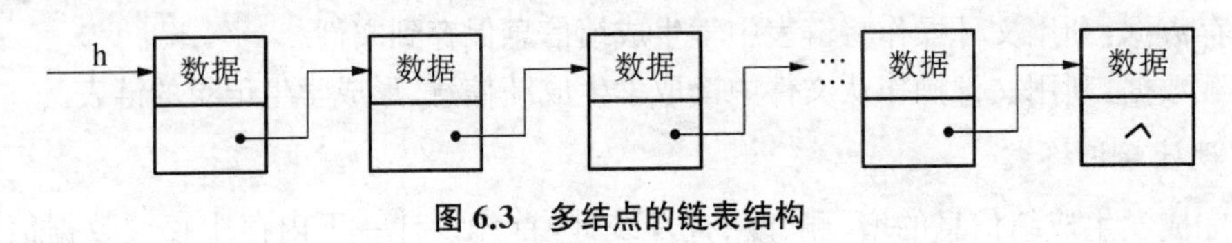

图 6.3 多结点的链表结构

4. 程序设计与实现

在本程序中，使用链表存放学生成绩数据，设计一个功能类 Record 来完成系统的各项功能。具体设计如下：

```
class Record
{
public:
struct Score * InsertRecord(struct Score * h);        //增加学生成绩信息
struct Score * DeleteRecord(struct Score * h);        //删除学生成绩信息
struct Score * UpdateRecord(struct Score * h);        //修改学生成绩信息
void FindRecord(struct Score * h, int x, float s1, float s2);
    //根据某门课程的分数段查询学生成绩信息
void FindRecord(struct Score * h, string x);
    //根据学生姓名查询学生成绩信息
void FindRecord(struct Score * h, int x); //根据学生学号查询学生成绩信息
void StatisticRecord(struct Score * h, int x);
     //统计某门课程的及格学生人数、及格率,并显现不及格学生信息
void StacRecordFine(struct Score * h);
     //统计三门课程成绩全为优秀的学生人数,并显示全为优秀的学生信息
void StacRecordDisq(struct Score * h);
    //统计三门课程成绩全部不及格的学生人数,并显示全不不及格的学生信息
   void PrintRecord(struct Score * h);          //输出所有学生成绩信息
void SaveRecordFile(struct Score * h);      //保存学生成绩信息到文件
struct Score * LoadRecordFile(struct Score * h);
    //从文件中加载学生成绩信息
};
```

(1) 链表的插入操作

链表的插入操作是针对有序链表说的，本程序是按照学生的学号从大到小顺序存放链表中结点的。新结点要插入链表前，应首先找到结点要插入的位置，本程序中就是查找第一个比要插入新结点学号大的结点，将新结点插入到找到的第一个学号比其大的结点之前。在本功能模块中约定指针 h 为链表的头指针，指针 p1 为查找的符合要求的结点，指针 p2 为 p1 的前一个结点，指针 p3 为新增加的结点。根据链表是否为空及找到结点的位置情况，链表的插入操作需要考虑四种情况。

● 链表为空

首先考虑链表中没有结点的情况，也就是链表为空，这时新增加的结点就是唯一的结点，新增结点就作为链表的头结点。具体语句如下：

```
if(h == NULL)
 {
      h = p3;                              //将新结点 p3 作为链表的头结点
      return h;
}
```

● 插入在原链表头结点之前

接着考虑链表中有结点时，即链表不为空时，我们需要查找插入点的位置，这需要通过循环从头到尾扫描链表中的每个结点，当找到一个结点的学号大于新结点的学号或者查找结点为空为止。

若经过循环查找到的第一个大于新结点的学号的结点正好是链表头结点时，将新的结点 p3 插入到头结点 h 之前，再将 p3 作为新的链表头结点，如图 6.4 所示。

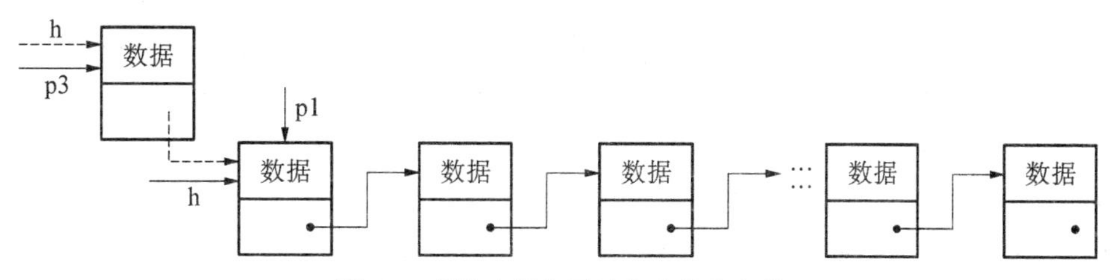

图 6.4 新结点插入到链表头结点之前

具体语句如下：

```
if(p1 == h)
 {
      p3 -> next = h;                      //新结点的指针域指向链表的头结点
      h = p3;                              //将新结点作为链表的头结点
      return h;
}
```

● 插入到链表中间的位置

若经过循环查找到第一个大于新结点学号的结点是除头结点以外的其他结点时，将新的结点 p3 插入找到的结点 p1 之前，即将指针 p2 的 next 指向新结点 p3，将 p3 结点的 next 指向 p1 指针所指向的结点，如图 6.5 所示。

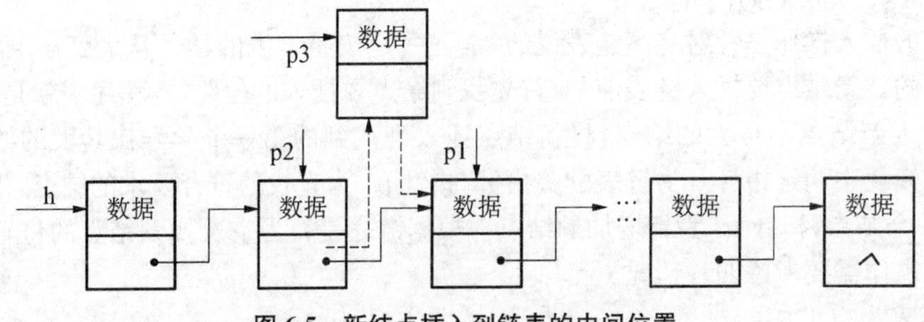

图 6.5 新结点插入到链表的中间位置

具体语句如下：

```
if(p3 -> num <= p1 -> num)
{
            p2 -> next = p3;
            p3 -> next = p1;
}
```

● 插入到链表尾部

若经过循环查找没有找到大于新结点学号的结点，即 p1 为空指针，则将新结点插入链表的最后一个结点的后面作为链表的新的末尾结点。具体操作为将 p2 结点的指针域设置为 p3，将新的末尾结点 p3 的指针域设置为空即可赋值为 p1，此操作和新结点插入到链表中间的位置的代码类似，所以将新结点插入到链表尾部和插入到链表中间位置的操作合并在一起，在此不再说明。

(2) 链表的删除操作

删除链表，首先根据学号在链表中通过循环查找与要删除学生的学号相同的结点，若找到则在链表中删除查找到符合条件的结点，并将该结点的空间释放，若没找到给出相应的提示。在本功能模块中约定指针 h 为链表的头指针，指针 p1 为查找的符合要求的结点的指针，指针 p2 为 p1 的前一个结点指针。根据链表是否为空及找到符合要求结点的位置，链表的删除操作需要考虑下面三种情况。

● 链表为空

首先考虑链表中没有结点的情况，也就是链表为空，就没有结点可以删除了，可以给出适当的提示。具体语句如下：

```
if(h == NULL)
{
    cout <<"\n 抱歉,没有任何记录!";
    return h;
}
```

● 删除的结点为链表头结点

当查找到的需删除的结点为链表头结点时，即查找到符合条件的结点指针 p1 指向的就是链表的头结点 h，则将头结点指针 h 指向下一个结点，将下一个结点作为链表的头结点，并且释放原来头结点的存储单元，如图 6.6 所示。

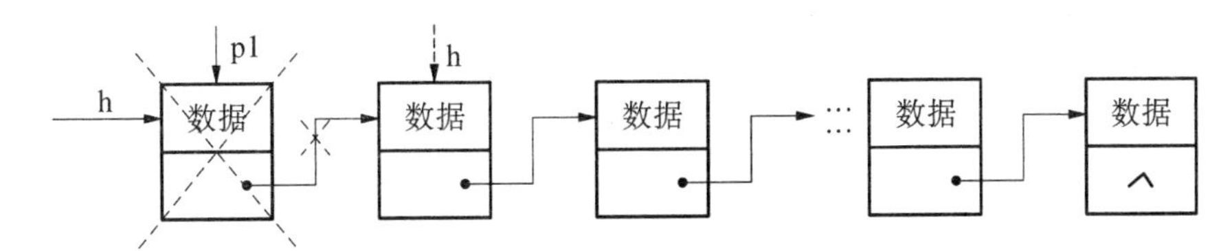

图 6.6 删除结点为头结点

具体语句如下：

```
if(p1 == h)
{        h = h -> next;
         delete p1;
   }
```

● 删除结点为链表中非头结点的其他结点

当查找到的需删除的结点 p1 不是链表头结点 h 时，则将 p2 指向的结点的指针域指向 p1 指向结点的后一个结点，并且释放 p1 结点的存储单元，如图 6.7 所示。

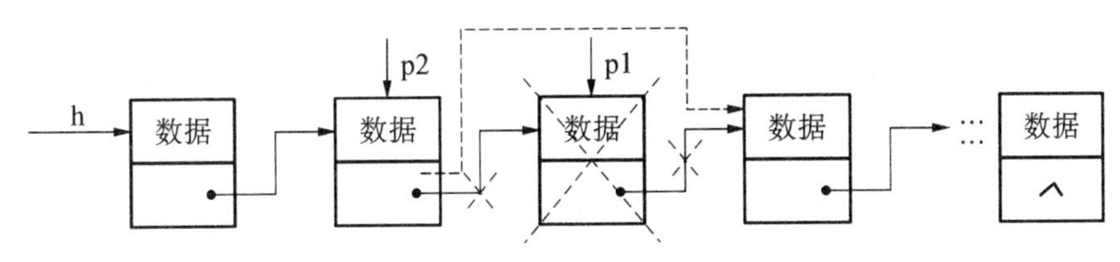

图 6.7 删除结点为非头结点

具体语句如下：

```
p2 -> next = p1 -> next;
delete p1;
```

(3) 链表的更新操作

要修改链表中结点的记录，则首先在链表中通过循环查找需要修改的记录结点，若找到则根据要求修改结点的相关数据，没有找到符合条件的结点则给出没有找到的提示。

在本功能模块中，约定指针 h 为链表的头指针，指针 p1 为查找的符合要求的结点。查找要修改的结点，首先将头结点指针 h 赋值给指针 p1，若 p1 不为 NULL 且 p1 的学号不等于需要修改的学生学号，则将 p1 指针移向下一个结点，若下移后 p1 不等于 NULL 且 p1 的学号不等于是需要修改的学生学号，则再将 p1 指针移向下一个结点，重复执行操作，直到 p1 为空或 p1 的学号等于需要修改的学生学号为止。具体代码如下：

```
p1 = h;
cout <<"\n 请输入要修改记录的学生学号";
cin >> num;
while(p1!= NULL&&p1 -> num!= num)
{
     p1 = p1 -> next;
}
```

执行完上面的操作若p1为NULL则表示没有找到需要修改的记录，给出相应提示，具体代码如下。

```
if(p1 == NULL)
{
    cout <<"\n抱歉啊，表中没有该记录的哦!";
    return h;
}
```

相反则找到需要修改的记录结点，即p1指向的结点，根据需要进行修改，具体代码如下。

```
cout <<"\n请重新输入学生的数学成绩:";
cin >> p1 -> math;
cout <<"\n请重新输入学生的英语成绩:";
cin >> p1 -> english;
cout <<"\n请重新输入学生的计算机基础成绩:";
cin >> p1 -> computer;
p1 -> scoresum = p1 -> math + p1 -> english + p1 -> computer;
```

(4) 链表的输出操作

链表的输出操作，就是通过循环扫描链表中的每一个结点，将结点的数据域的信息输出。在本功能中约定指针p为指向当前结点的指针。首先将指针p指向链表的头结点，若p不为空则输出指针p指向的各项数据，而后将指针p移向下一个结点，若p再不为空则再输出指针p指向的各项数据，接着再将指针p移向下一结点，依次循环直到指针p为空为止。因链表的输出操作相对简单，具体代码可以查看源程序，不在此书写。

6.1.3 系统实现的完整源代码以及注释

```
# include < iostream >
# include < string >
# include < fstream >
using namespace std;
struct Score    //定义存放学生成绩信息的结点
{
    int num;                //学号
    string name;            //姓名
    float math;             //数学成绩
    float english;          //英语成绩
    float computer;         //计算机基础成绩
    float scoresum;         //总成绩
    struct Score * next;    //next为指向下一结点的指针
};
struct Score * head;        //指向链表头结点的指针
```

```
int studentSum = 0;             //学生总人数
class Record
{
public:
    struct Score * InsertRecord(struct Score *h);      //增加学生成绩信息
    struct Score * DeleteRecord(struct Score *h);      //删除学生成绩信息
    struct Score * UpdateRecord(struct Score *h);      //修改学生成绩信息
    void FindRecord(struct Score *h,int x,float s1,float s2);
    //根据某门课程的分数段查询学生成绩信息
    void FindRecord(struct Score *h,string x);
                                        //根据学生姓名查询学生成绩信息
    void FindRecord(struct Score *h,int x);
                                        //根据学生学号查询学生成绩信息
    void StatisticRecord(struct Score *h,int x);
    //统计某门课程的及格学生人数、及格率,并显现不及格学生信息
    void StacRecordFine(struct Score *h);
    //统计三门课程成绩全为优秀的学生人数,并显示全为优秀的学生信息
    void StacRecordDisq(struct Score *h);
    //统计三门课程成绩全部不及格的学生人数,并显示全不不及格的学生信息
    void PrintRecord(struct Score *h);              //输出所有学生成绩信息
    void SaveRecordFile(struct Score *h);           //保存学生成绩信息到文件
    struct Score * LoadRecordFile(struct Score *h); //从文件中加载学生成绩信息
};
struct Score * Record::InsertRecord(struct Score *h)
{
    struct Score *p1, *p2, *p3;     //定义指针变量 p1、p2、p3
    p3 = new Score;                 //创建新的学生成绩结点.
    cout <<"\n 请输入学生学号:";
    cin >> p3 -> num;               //从键盘接受输入数据赋值给结点的学号
    cout <<"\n 请输入学生姓名:";
    cin >> p3 -> name;              //从键盘接受输入数据赋值给结点的姓名
    cout <<"\n 请输入学生的数学成绩:";
    cin >> p3 -> math;
                                    //从键盘接受输入数据赋值给结点的数学成绩
    cout <<"\n 请输入学生的英语成绩:";
    cin >> p3 -> english;
                                    //从键盘接受输入数据赋值给结点的英语成绩
    cout <<"\n 请输入学生的计算机基础成绩:";
    cin >> p3 -> computer;
```

```
                                    //从键盘接受输入数据赋值给结点的计算机成绩
    p3 -> scoresum = p3 -> math + p3 -> english + p3 -> computer;
                                                        //计算结点的总成绩
    p3 -> next = NULL;                  //将要插入结点的指针域设置为空
    if(h == NULL)
                                //当链表中没有结点时,将要新插入的结点作为头结点
    {
        h = p3;
        return h;
    }
    p1 = p2 = h;
    while(p1!= NULL&&p3 -> num>p1 -> num)
    //查找结点的学号大于要插入结点学号的第一个结点,
    //指针 p1 表示符合条件的结点的指针,指针 p2 是指针 p1 的前一个结点指针
    {
        p2 = p1;
        p1 = p1 -> next;
    }
    if(p1 == h)                         //插入位置为头结点前
    {
        p3 -> next = h;
        h = p3;
        return h;
    }
    else                                //插入位置为链表的中间和链表尾部
    {
        p2 -> next = p3;
        p3 -> next = p1;
    }
    studentSum + = 1;                   //学生人数加 1
    return h;                               //返回链表的头结点
}
void Record::PrintRecord(Score * h)
{
    if(h == NULL)
    {
        cout <<"\n 抱歉,没有任何记录!\n";
        return;
    }
```

```
        cout <<"\n 学号\t 姓名\t 数学\t 英语\t 计算机\t 总分"<< endl;
        while(h)                                //输出链表中每个结点的学生成绩信息
        {

    cout << h -> num <<"\t"<< h -> name <<"\t"<< h -> math <<"\t"<< h ->
english<<"\t"<< h -> computer <<"\t"<< h -> scoresum << endl;
            h = h -> next;
        }
    }
    struct Score * Record::DeleteRecord(struct Score * h)
    {
        struct Score *p1, *p2;
        int num;
        if(h == NULL)                //链表为空
        {
            cout <<"\n 抱歉,没有任何记录!";
            return h;
        }
        p1 = p2 = h;
                                    //将链表的头结点指针 h 赋值给指针 p1 和指针 p2
        cout <<"\n 请输入要删除记录的学生学号";
        cin >> num;
        while(p1!= NULL&&p1 -> num!= num)
        //查找结点的学号等于要删除学生学号的第一个结点,
        //指针 p1 表示符合条件的结点的指针,指针 p2 是指针 p1 的前一个结点指针
        {
            p2 = p1;
            p1 = p1 -> next;
        }
        if(p1 == NULL)                //没有找到符合要求的结点
        {
            cout <<"\n 抱歉啊,表中没有该记录的哦!";
            return h;
        }
        if(p1 -> num == num)
        {
            studentSum- = 1;          //学生人数减 1
            if(p1 == h)               //删除的是头结点
                h = h -> next;
```

```
        else                          //删除的是非头结点
            p2 -> next = p1 -> next;
        delete p1;                    //释放 p1 所指向的存储单元
    }
    return h;
}
struct Score * Record::UpdateRecord(struct Score *h)
{
    struct Score *p1;
    int num;
    if(h == NULL)                 //链表为空
    {
        cout <<"\n 抱歉,没有任何记录!";
        return h;
    }
    p1 = h;                       //将链表的头结点指针 h 赋值给指针 p1
    cout <<"\n 请输入要修改记录的学生学号";
    cin >> num;
    while(p1!= NULL&&p1 -> num!= num)
    //查找结点的学号等于要修改学生学号的结点指针
    {
        p1 = p1 -> next;              //将 p1 指针移到下一个结点
    }
    if(p1 == NULL)                //没有找到符合要求的结点
    {
        cout <<"\n 抱歉啊,表中没有该记录的哦!";
        return h;
    }
    if(p1 -> num == num)
                                  //找到符合要求的结点,并修改学生的相关成绩
    {
        cout <<"\n 请重新输入学生的数学成绩:";
        cin >> p1 -> math;
        cout <<"\n 请重新输入学生的英语成绩:";
        cin >> p1 -> english;
        cout <<"\n 请重新输入学生的计算机基础成绩:";
        cin >> p1 -> computer;
        p1 -> scoresum = p1 -> math + p1 -> english + p1 -> computer;
    }
```

```
        return h;
    }
    void Record::FindRecord(struct Score *h,int x,float s1,float s2)
    {
        if(h==NULL)                        //链表为空
        {
            cout<<"\n 抱歉,没有任何记录!";
            return;
        }
        cout<<"\n 学号\t 姓名\t 数学\t 英语\t 计算机\t 总分"<<endl;
        while(h)
        {
            if(x==1)
                                            //查找数学成绩在某分数段的学生成绩信息
                if(h->math>=s1&&h->math<=s2)
    cout<<h->num<<"\t"<<h->name<<"\t"<<h->math<<"\t"<<h->
english<<"\t"<<h->computer<<"\t"<<h->scoresum<<endl;
            if(x==2)
                                            //查找英语成绩在某分数段的学生成绩信息
                if(h->english>=s1&&h->english<=s2)
    cout<<h->num<<"\t"<<h->name<<"\t"<<h->math<<"\t"<<h->
english<<"\t"<<h->computer<<"\t"<<h->scoresum<<endl;
            if(x==3)
                                          //查找计算机成绩在某分数段的学生成绩信息
                if(h->computer>=s1&&h->computer<=s2)
    cout<<h->num<<"\t"<<h->name<<"\t"<<h->math<<"\t"<<h->
english<<"\t"<<h->computer<<"\t"<<h->scoresum<<endl;
            h=h->next;
        }
    }
    void Record::FindRecord(struct Score *h,int num)
                                                    //根据学生学号查找学生成绩信息
    {
        struct Score *p1;
        if(h==NULL)                        //链表为空
        {
            cout<<"\n 抱歉,没有任何记录!";
            return;
        }
```

```
        p1 = h;                                 //将链表的头结点指针 h 赋值给指针 p1
        while(p1!= NULL&&p1 -> num!= num)
        //查找结点的学号等于要查找学生学号的结点指针
        {
            p1 = p1 -> next;
        }
        if(p1 == NULL)                  //没有找到
        {
            cout <<"\n 抱歉啊,表中没有该记录的哦!";
            return;
        }
        if(p1 -> num == num)                   //找到并显示信息
        {
            cout <<"\n 学号\t 姓名\t 数学\t 英语\t 计算机\t 总分"<< endl;

    cout << p1 -> num <<"\t"<< p1 -> name <<"\t"<< p1 -> math <<"\t"<< p1 ->
english <<"\t"<< p1 -> computer <<"\t"<< p1 -> scoresum << endl;
        }
    }
    void Record::FindRecord(struct Score * h, string name)
                                                   //根据学生姓名查找学生成绩信息
    {
        struct Score *p1;
        if(h == NULL)                          //链表为空
        {
            cout <<"\n 抱歉,没有任何记录!";
            return;
        }
        p1 = h;                                 //将链表的头结点指针 h 赋值给指针 p1
        while(p1!= NULL&&p1 -> name!= name)
        //查找结点的姓名等于要查找学生姓名的结点指针
        {
            p1 = p1 -> next;
        }
        if(p1 == NULL)                         //没有找到符合要求的结点
        {
            cout <<"\n 抱歉啊,表中没有该记录的哦!";
            return;
        }
```

```
        if(p1 -> name == name)            //找到符合条件的结点并显示信息
        {
            cout <<"\n 学号\t 姓名\t 数学\t 英语\t 计算机\t 总分"<< endl;

    cout << p1 -> num <<"\t"<< p1 -> name <<"\t"<< p1 -> math <<"\t"<< p1 ->
english <<"\t"<< p1 -> computer <<"\t"<< p1 -> scoresum << endl;
        }
    }
    void Record::StatisticRecord(struct Score *h,int x)
    {
        struct Score *p = h;          //将链表的头结点指针 h 赋值给指针 p
        int count = 0;                //定义统计人数 count 变量并赋初值为 0
        if(p == NULL)                 //链表为空
        {
            cout <<"\n 抱歉,没有任何记录!";
            return;
        }
        while(p)
        {
            if(x == 1)                //统计数学成绩及格的学生人数
                if(p -> math >= 60)
                        count += 1;
            if(x == 2)                //统计英语成绩及格的学生人数
                if(p -> english >= 60)
                        count += 1;
            if(x == 3)                //统计计算机成绩及格的学生人数
                if(p -> computer >= 60)
                        count += 1;
            p = p -> next;
        }
        if(x == 1)                        //显示数学成绩及格的学生人数及及格率
        {
            cout <<"数学成绩及格学生人数为";
            cout << count;
            cout <<",及格率为";
            cout << count /(float)studentSum << endl;
            if(count<studentSum)
                cout <<"\n 学号\t 姓名\t 数学"<< endl;
            else
```

```
            cout <<"没有数学成绩不及格学生"<< endl;
    }
    else
        if(x == 2)              //显示英语成绩及格的学生人数及及格率
        {
            cout <<"英语成绩及格学生人数为";
            cout << count;
            cout <<",及格率为";
            cout << count /(float)studentSum << endl;
            if(count<studentSum)
                cout <<"\n 学号\t 姓名\t 英语"<< endl;
            else
                cout <<"没有英语成绩不及格学生"<< endl;
    }
    else
            if(x == 3)          //显示计算机成绩及格的学生人数及及格率
            {
                cout <<"计算机成绩及格学生人数为";
                cout << count;
                cout <<",及格率为";
                cout << count /(float)studentSum << endl;
                if(count<studentSum)
                    cout <<"\n 学号\t 姓名\t 计算机"<< endl;
                else
                    cout <<"没有计算机成绩不及格学生"<< endl;
            }
    p = h;
    while(p)
    {
        if(x == 1)              //显示数学成绩不及格的学生信息
            if(p -> math<60)
                    cout << p -> num <<"\t"<< p -> name <<"\t"<<
                    p ->math << endl;
        if(x == 2)                  //显示英语成绩不及格的学生信息
            if(p -> english<60)
                    cout << p -> num <<"\t"<< p -> name <<"\t"<<
                    p ->english << endl;
        if(x == 3)              //显示计算机成绩不及格的学生信息
            if(p -> computer<60)
```

```
                        cout << p -> num <<"\t"<< p -> name <<"\t"<<p ->
                        computer << endl;
            p = p -> next;
        }
    }
    void Record::StacRecordFine(struct Score * h)
    {
        struct Score *p = h;          //将链表的头结点指针h赋值给指针p
        int count = 0;                    //定义统计人数count变量并赋初值为0
        if(p == NULL)                 //链表为空
        {
            cout <<"\n抱歉,没有任何记录!";
            return;
        }
        while(p)
        {
            if(p -> math >= 90&&p -> english >= 90&&p -> computer >= 90)
                //统计三门成绩全部为优秀的学生人数
                count + = 1;
            p = p -> next;              //将指针移到下一结点
        }
        cout <<"三门成绩全为优秀的学生人数为";
        cout << count << endl;
        cout <<"全为优秀的学生信息为:"<< endl;
        cout <<"\n学号\t姓名\t数学\t英语\t计算机\t总分"<< endl;
        p = h;                                //将链表的头结点指针h赋值给指针p
        while(p)
        {
            if(p -> math >= 90&&p -> english >= 90&&p -> computer >= 90)
                //显示三门成绩全部为优秀的学生信息

    cout << p -> num <<"\t"<< p -> name <<"\t"<< p -> math <<"\t"<< p ->
english <<"\t"<< p -> computer <<"\t"<< p -> scoresum << endl;
            p = p -> next;
        }
    }
    void Record::StacRecordDisq(struct Score * h)
    {
        struct Score *p = h;        //将链表的头结点指针h赋值给指针p
```

```
    int count = 0;                    //定义统计人数的 count 变量并赋初值为 0
    if(p == NULL) //链表为空
    {
        cout <<"\n 抱歉,没有任何记录!";
        return;
    }
    while(p)
    {
        if(p -> math<60&&p -> english<60&&p -> computer<60)
              //统计三门成绩全部不及格的学生人数
              count + = 1;
        p = p -> next;
    }
    cout <<"三门成绩全为不及格的学生人数为";
    cout << count << endl;
    cout <<"全为不及格的学生信息为:"<< endl;
    cout <<"\n 学号\t 姓名\t 数学\t 英语\t 计算机\t 总分"<< endl;
    p = h;
    while(p)
    {
        if(p -> math<60&&p -> english<60&&p -> computer<60)
              //显示三门成绩全部不及格的学生信息

cout << p -> num <<"\t"<< p -> name <<"\t"<< p -> math <<"\t"<< p ->
english <<"\t"<< p -> computer <<"\t"<< p -> scoresum << endl;
        p = p -> next;
    }
}
void Record::SaveRecordFile(struct Score * h)   //将链表中的数据写入文件
{
    struct Score *p;
    ofstream ofile;                          //定义输出文件对象
    ofile.open("score.dat",ios::out);
    //以写的方式打开文件 score.dat,若该文件不存在,则创建 score.dat 文件
    if(!ofile)                               //文件打开错误
    {
        cout <<"\n 数据文件打开错误没有将数据写入文件!\n";
        return;
    }
```

```
        ofile <<"学号\t 姓名\t 数学\t 英语\t 计算机\t 总分";
        while(h)
        {

    ofile << endl << h -> num <<"\t"<< h -> name <<"\t"<< h -> math <<"\t"<<
h ->english <<"\t"<< h -> computer <<"\t"<< h -> scoresum;
            //将当前结点的数据信息写入到文件中
            p = h;h = h -> next;
            delete p;
        }
        ofile.close();                          //关闭文件对象
    }
    struct Score * Record::LoadRecordFile(struct Score * h)
    {
        ifstream ifile;                         //定义输入文件对象
        ifile.open("score.dat",ios::in);        //以读的方式打开文件 score.dat
        struct Score *p, * q;
        if(!ifile)                              //文件打开错误
        {
            cout <<"\n 数据文件不存在,加载不成功!\n";
            return NULL;
        }
        char s[50];
        ifile.getline(s,50);                    //读取文件指针当前行数据
        while(!ifile.eof())
        {
            studentSum = studentSum + 1;        //学生人数加 1
            p = new Score;                      //创建新的 Score 变量
            ifile >> p -> num >> p -> name >> p -> math >> p -> english >> p ->
            computer >> p -> scoresum;
            //将数据从文件中读取到新的结点中
            p -> next = NULL;                   //新结点的指针域为空
            if(h == NULL)                   //将新结点插入到链表中
                q = h = p;
            else
            {
                q -> next = p;
                q = p;
```

```
            }
        }
        ifile.close();                              //关闭文件对象
        return h;
}
void SystemMenu(Record r)                           //系统菜单,及处理用户的选择
{
        int choice;
        while(1)
        {
            cout <<"\n\t\t欢迎进入学生成绩管理系统!";    //显示系统主菜单
    cout <<"\n@@@@@@@@@@@@@@@@@@@@@@@@@@@@@@@@@@@@@@@@@@@@@@@@@@@@@@@@@@@@@@@@@@@@@@@@@@@@@@@@@@@@@@@@@@@@@@@@@@@@@@@@@@@@@
@@@@@@@";
            cout <<"\n\t1、添加学生成绩信息";
            cout <<"\n\t2、删除学生成绩信息";
            cout <<"\n\t3、修改学生成绩信息";
            cout <<"\n\t4、查询学生成绩信息";
            cout <<"\n\t5、显示所有学生成绩信息";
            cout <<"\n\t6、统计学生成绩信息";
            cout <<"\n\t0、退出系统";

    cout <<"\n@@@@@@@@@@@@@@@@@@@@@@@@@@@@@@@@@@@@@@@@@@@@@@@@@@@@@@@@@@@@@@@@@@@@@@@@@@@@@@@@@@@@@@@@@@@@@@@@@@@@@@@@@@@@@
@@@@@@@";
            cout <<"\n请根据提示选择操作:";
            cin >> choice;
            switch(choice)
            {
            case 1:                                 //增加学生成绩信息
                head = r.InsertRecord(head);
                break;
            case 2:                                 //删除学生成绩信息
                head = r.DeleteRecord(head);
            case 3:                                 //修改学生成绩信息
                head = r.UpdateRecord(head);
            case 4:                                 //查询学生成绩信息
                while(1)
                {
                    int c;
                    cout <<"\n****************************************************";
```

```
cout <<"\n\t1.根据学号查询学生成绩信息";
cout <<"\n\t2.根据姓名查询学生成绩信息";
cout <<"\n\t3.根据数学分数查询学生成绩信息";
cout <<"\n\t4.根据英语成绩查询学生成绩信息";
cout <<"\n\t5.根据计算机基础成绩查询学生成绩信息";
cout <<"\n\t6.返回上级目录";
cout <<"\n************************************************";
//显示查询子菜单
cout <<"\n请根据提示选择操作:";
cin >> c;
if(c == 1)            //根据学生学号查询学生成绩信息
{
    int x;
    cout <<"\n请输入需要查询的学生学号:";
    cin >> x;
    r.FindRecord(head,x);
}
if(c == 2)            //根据学生姓名查询学生成绩信息
{
    string name;
    cout <<"\n请输入需要查询的学生姓名:";
    cin >> name;
    r.FindRecord(head,name);
}
if(c == 3)              //根据数学分数段查询学生成绩信息
{
    float s1,s2;
    cout <<"\n请输入查询的数学最低分和最高分";
    cin >> s1 >> s2;
    r.FindRecord(head,1,s1,s2);
}
if(c == 4)              //根据英语分数段查询学生成绩信息
{
    float s1,s2;
    cout <<"\n请输入查询的英语最低分和最高分";
    cin >> s1 >> s2;
    r.FindRecord(head,2,s1,s2);
}
if(c == 5)              //根据计算机分数段查询学生成绩信息
```

```
                {
                    float s1,s2;
                    cout <<"\n 请输入查询的计算机基础最低分和最高分";
                    cin >> s1 >> s2;
                    r.FindRecord(head,3,s1,s2);
                }
                if(c == 6)                          //退出查询子菜单
                    break;
            }
            break;
        case 5:                                     //输出所有学生成绩信息
          r.PrintRecord(head);
            break;
        case 6:                                     //统计学生成绩信息
            while(1)
            {
                int c;
                cout <<"\n ************************************************ ";
                cout <<"\n\t1.统计数学成绩及格学生人数,并显示不及格学
                                                            生信息";
                cout <<"\n\t2.统计英语成绩及格学生人数,并显示不及格学
                                                            生信息";
                cout <<"\n\t3.统计计算机成绩及学生格人数,并显示不及格
                                                          学生信息";
                cout <<"\n\t4.统计数学三门功课都不及格的学生人数,并显
                                                        示学生信息";
                cout <<"\n\t5.统计数学三门功课都优秀的学生人数,并显示
                                                  学生信息(>= 90)";
                cout <<"\n\t6.返回上级目录";
                cout <<"\n ************************************************ ";
                //显示统计子菜单
                cout <<"\n 请根据提示选择操作:";
                cin >> c;
                if(c == 1)
                        //统计数学成绩及格学生人数,并显示不及格学生信息
                {
                    r.StatisticRecord(head,1);
                }
                if(c == 2)
```

```
                //统计英语成绩及格学生人数,并显示不及格学生信息
            {
                r.StatisticRecord(head,2);
            }
            if(c==3)
                //统计计算机成绩及学生格人数,并显示不及格学生信息
            {
                r.StatisticRecord(head,3);
            }
            if(c==4)
                //统计数学三门功课都不及格的学生人数,并显示学生信息
            {
                r.StacRecordFine(head);
            }
            if(c==5)
                //统计数学三门功课都优秀的学生人数,并显示学生信息
            {
                r.StacRecordDisq(head);
            }
            if(c==6)                //退出统计子菜单
                break;
        }
        break;
    }
    if(choice==0)   //退出系统
        break;
    }
}
int main()
{
    head=NULL;
    Record r;                           //定义 Record 类的对象 r
    head=r.LoadRecordFile(head);        //将文件中的数据读取到链表中
    SystemMenu(r);                  //显示系统菜单,并处理用户的选择
    r.SaveRecordFile(head);             //将链表中的数据写到文件中
    return 0;
}
```

6.2 通信录管理系统

6.2.1 系统功能描述

设计一个通信录管理系统，能够完成通信录记录的增加、删除、查找、修改等操作，数据信息使用文件保存。要求系统具有菜单和提示，界面友好。

6.2.2 系统功能设计

通信录管理系统是针对储存用户联系方式以及一些简单个人信息的实用管理系统，它可以让用户对众多朋友、同学、同事、家人等信息的进行储存、修改和快速查阅。根据任务的要求，下面对系统功能进行详细划分，功能结构如图 6.8 所示。

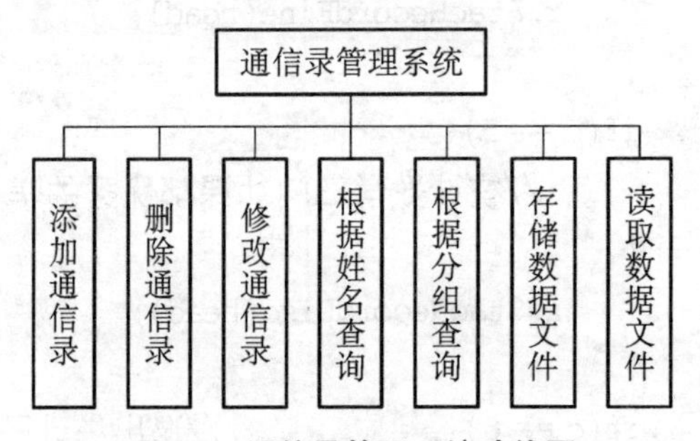

图 6.8 通信录管理系统功能图

添加通信录：按顺序将姓名(name)、性别(sex)、电子邮箱(E-mail)、地址(address)、电话(telnumber)、分组(type)依次输入生成结点，并建立链表将其连接，直到姓名输入为“0”终止。

删除通信录：删除特定姓名的通信录中的记录和删除通信录中的全部记录。

修改通信录：根据姓名修改通信录中的记录。

查询通信录：根据姓名和分组查询通信录中的记录，并将查询结果输出。

存储数据文件：链表中的信息以文件形式保存到磁盘上。

读取数据文件：读取文件中的数据，并将其建立链表。

6.2.3 系统实现的完整源代码以及注解

```
# include < iostream >
# include < fstream >
# include < string >
# include < iomanip >
using namespace std;
class CPhoneRecord        //定义结点的数据部分
{
private:
```

```
        int id;                     //记录编号
        string name;                //姓名
        string sex;                 //性别
        string email;               //邮箱
        string address;             //住址
        string telnumber;           //电话号码
        int type;                   //分组类型 1 为朋友,2 为同学,3 为家人,4 为同事
        static int s;               //静态成员数据 s,处理记录编号
public:
        CPhoneRecord();
        CPhoneRecord(string,string,string,string,string,int);
                                                    //构造函数,初始化对象
        void SetRecord(string,string,string,string,string,int);
                                                    //设置通信录的信息
        void SetTelNumber(string number);           //设置电话号码
        void Display();                             //显示信息
        string GetName();                           //获取姓名
        string GetSex();                            //获取性别
        string GetEmail();                          //获取邮箱
        string GetAddress();                        //获取住址
        string GetTelnumber();                      //获取电话号码
        int GetType();                              //获取分组类别
private:
        string TypeString(int type);        //工具函数,将类型由数字转化为字符串
};
CPhoneRecord::CPhoneRecord()
{
        s ++ ;                              //每创建该类一个新对象,静态成员 s 加 1
        id = s;
        //利用静态成员处理记录的编号,实现该类对象的记录编号自动递增
        name = "\0";
        sex = "\0";
        email = "\0";
        address = "\0";
        telnumber = "\0";
        type = 1;                           //默认分组类型设为朋友
}
CPhoneRecord::CPhoneRecord ( string name1, string sex1, string email1, string
address1,string tn,int type1)
```

```
{
    s ++ ;                        //每创建该类一个新对象,静态成员 s 加 1
    id = s;
            //利用静态成员处理记录的编号,实现该类对象的记录编号自动递增
    name = name1;         //参数 name1 赋值给成员数据 name
    sex = sex1;                   //参数 sex1 赋值给成员数据 sex
    email = email1;               //参数 email1 赋值给成员数据 email
    address = address1;           //参数 address1 赋值给成员数据 address
    telnumber = tn;               //参数 tn 赋值给成员数据 telnumber
    type = type1;         //参数 type1 赋值给成员数据 type
}
void CPhoneRecord::SetRecord(string name1, string sex1, string email1, string
address1,string tn, int type1)
 //用户函数形参为成员数据赋值
{
    name = name1;
    sex = sex1;
    email = email1;
    address = address1;
    telnumber = tn;
    type = type1;
}
string CPhoneRecord::GetName()
{
    return name;                    //返回姓名
}
string CPhoneRecord::GetSex()
{
    return sex;             //返回性别
}
string CPhoneRecord::GetEmail()
{
    return email;                   //返回邮箱
}
string CPhoneRecord::GetAddress()
{
    return address;                 //返回地址
}
string CPhoneRecord::GetTelnumber()
```

```
{
    return telnumber;           //返回电话号码
}
int CPhoneRecord::GetType()
{
    return type;                //返回分组类别
}
void CPhoneRecord::SetTelNumber(string number)
{
    telnumber = number;         //设置电话号码
}
void CPhoneRecord::Display()    //显示信息
{
    cout << setw(6)<< id << setw(10)<< name
        << setw(6)<< sex << setw(15)<< email
        << setw(15)<< address << setw(18)<< telnumber
        << setw(8)<< TypeString(type)<< endl;
}
string CPhoneRecord::TypeString(int type)     //将整型 type 转换成字符串分组
{
    string t;
    if(type == 1)
        t = "朋友";
    else if(type == 2)
            t = "同学";
        else if(type == 3)
                t = "家人";
            else if(type == 4)
                    t = "同事";
    return t;
}
class CNode                          //定义链表的结点类
{
private:
    CPhoneRecord *phoneRecord;       //结点的数据域部分
    CNode *pNext;                    //结点的指针域部分,指向下一个结点
public:
    CNode();
    CNode(CNode &node);                //构造函数,对象的初始化
```

```
        void SetPhoneData(CPhoneRecord *pdata);
                                            //为成员数据 phoneRecord 赋值
        void DisplayNode();                 //显示结点的数据域信息
        CPhoneRecord * GetData();           //获取成员数据 phoneRecord 指向的数据
        friend class CList;                 //将 Clist 类定义为 CNode 类的友元类
};
CNode::CNode()
{
        phoneRecord = 0;pNext = 0;
                                 //将数据域指针设置为 NULL,将指针域设置为 NULL
}
CNode::CNode(CNode &node)
{
        phoneRecord = node.phoneRecord;
        //将参数 node 的 phoneRecord 赋值给成员数据 phoneRecord
        pNext = node.pNext;
                                 //将参数 node 的 pNext 赋值给成员数据 pNext
}
void CNode::SetPhoneData(CPhoneRecord *pdata)   //设置结点的数据域
{
        phoneRecord = pdata;
}
void CNode::DisplayNode()                       //显示结点的数据域
{
        phoneRecord -> Display();
}
CPhoneRecord * CNode::GetData()                 //获取结点的数据域
{
        return phoneRecord;
}
class CList                                     //定义链表类
{
        CNode *pHead;                           //链表的头指针
public:
        CList()
        {
                pHead = 0;                      //将 pHead 赋值为 NULL
        }
        ~CList()
```

```
    {
        DeleteList();
                                    //对象销毁前,释放链表所占的存储单元
    }
    void AddRecord();
                                //增加记录,用于从文件中读取数据时建立链表
    void AddRecord(CNode *pnode);
                                    //增加记录,用于通过输入数据增加新结点
    void DeleteRecord();                    //删除记录
    void FindRecord();                      //根据姓名查找记录
    void FindRecordClass();                 //根据分组查找记录
    void UpdateRecord();                    //更新记录
    void DisplayList();                     //显示所有记录
    void DeleteList();                      //删除所有记录
    CNode * GetListHead(){return pHead;}    //获取链表的头结点
    CNode * GetListNextNode(CNode *pnode); //获取下一个结点
};
CNode * CList::GetListNextNode(CNode *pnode)
{
    CNode *p1 = pnode;
    return p1 -> pNext;
}
void CList::AddRecord()
{
    CNode *pNode;                   //定义指向 CNode 类对象的指针变量
    CPhoneRecord *pPhone;       //定义 CPhoneRecord 类对象的指针变量
    string name, sex, email, address, telnumber;
    int type;
    cout <<"输入姓名(输入 0 结束):";
    cin >> name;
    while(name!= "0")           //循环重复添加数据,直到姓名输入值为"0"为止
    {
        cout <<"\n 输入性别:";
        cin >> sex;
        cout <<"\n 输入邮箱:";
        cin >> email;
        cout <<"\n 输入住址:";
        cin >> address;
        cout <<"\n 输入电话号码:";
```

```
            cin >> telnumber;
            cout <<"\n 输入分组类型 1、朋友,2.同学,3.家人,4.同事:";
            cin >> type;
            pPhone = new CPhoneRecord;          //创建 CPhoneRecord 类对象
            pPhone -> SetRecord(name,sex,email,address,telnumber,type);
            //为新创建 CPhoneRecord 类对象赋值
            pNode =  new CNode;                 //创建 CNode 类对象
            pNode -> SetPhoneData(pPhone); //设置结点的数据域
            AddRecord(pNode);                   //将该结点添加到链表中
            cout <<"输入姓名(输入 0 结束):";
            cin >> name;
        }
        cout << endl << endl;
        system("pause");
}
void CList::AddRecord(CNode *pNode)
{
        if(pHead == 0)                          //链表为空,则该结点为链表的头结点
        {
            pHead = pNode;
            pNode -> pNext = 0;                 //结点的指针域赋值为 NULL
            return;
        }
        else                                    //否则,插入到链表的首部
        {
            pNode -> pNext = pHead;     //新结点 pNode 的指针域指向头结点
            pHead = pNode;                      //新的结点 pNode 作为头结点
        }
        cout << endl << endl;
}
void CList::DeleteRecord()
{
        CNode *p1, *p2;                     //定义指向 CNode 对象的指针变量 p1 和 p2
        char f;                             //定义字符变量 f
        string name;
        cout <<"输入您需要删除的姓名(输入 0 结束)";
        cin >> name;
        while(name!= "0")                   //循环重复删除数据,直到姓名输入值为"0"为止
        {
```

```
            p1 = pHead;
            while(p1&&p1 -> GetData() -> GetName()!= name)
                                                    //查找要删除的记录结点
            {
                p2 = p1;
                    //保持 p1 为正在查找的结点指针,p2 为 p1 前一个结点的指针
                p1 = p1 -> pNext;
            }
            if(p1 == NULL)                          //找不到记录,给出提示
                cout <<"在电话簿中查找不到"<< name <<"."<< endl;
            else
            {
                cout <<"在电话簿中找到"<< name <<",内容是:"<< endl;
                p1 -> DisplayNode();                //显示结点数据
                cout <<"确定要删除"<< name <<"的资料吗,Y:N?";
                cin >> f;                           //用户输入是否确认删除
                if(f == 'Y')                        //确认删除
                {
                    if(p1 == pHead)                 //删除的结点为头结点
                    {
                        pHead = pHead -> pNcxt;
                        delete p1;                  //释放 p1 指向的存储单元
                    }
                    else                            //删除的结点为非头结点
                    {
                        p2 -> pNext = p1 -> pNext;
                        delete p1;
                    }
                }
            }
            cout <<"输入您需要删除的姓名(输入 0 结束)";
            cin >> name;
        }
        system("pause");
}
void CList::FindRecord()
{
        CNode *p1;                          //定义指向 CNode 对象的指针变量 p1
        string name;
```

```
        cout <<"输入您需要查找的姓名(输入 0 结束)";
        cin >> name;
        while(name!= "0")         //循环重复查找数据,直到姓名输入值为"0"为止
        {
            p1 = pHead;                      //将头结点指针 pHead 赋值给 p1
            while(p1)                        //查找结点
            {
                if(p1 -> GetData() -> GetName() == name)
                    break;                   //找到符合要求的结点,则退出循环
                p1 = p1 -> pNext;
            }
            if(p1)                           //p1 不为 NULL
            {
                cout <<"在电话簿中找到"<< name <<",内容是:"<< endl;
                p1 -> DisplayNode(); //显示结点信息
            }
            else
                cout <<"在电话簿中查找不到啊"<< name <<"."<< endl;
            cout <<"输入您需要查找的姓名(输入 0 结束)";
            cin >> name;
        }
        cout << endl << endl;
        system("pause");
}
void CList::FindRecordClass()
{
        CNode *p1;                           //定义指向 CNode 对象的指针变量 p1
        int type;
        cout <<"输入您需要查找的分组记录(输入 0 结束)";
        cout <<"\n 分组类型 1.朋友,2.同学,3.家人,4.同事:";
        cin >> type;
        int f;
        while(type!= 0)
                                        //循环重复查找数据,直到分组类别输入 0 为止
        {
            f = 0;
            p1 = pHead;                      //将 p1 赋值为头结点指针
            while(p1)                        //查找结点
            {
```

```
            if(p1 -> GetData() -> GetType() == type)
            {
                p1 -> DisplayNode(); //找到符合要求的结点,则退出循环
                f = 1;
            }
            p1 = p1 -> pNext;
        }
        cout << endl << endl;
        if(f == 0)
            cout <<"在电话簿中查找不到该分组的记录啊"<<"."<< endl;
        cout <<"输入您需要查找的分组记录(输入 0 结束)";
        cout <<"\n 分组类型 1. 朋友,2. 同学,3. 家人,4. 同事:";
        cin >> type;
    }
    cout << endl << endl;
    system("pause");
}
void CList::DisplayList()
{
    CNode *p1 = pHead;
    //定义指向 CNode 对象的指针变量 p1 并初始化为头结点指针
    cout << setw(6)<<"编号"<< setw(10)<<"姓名"
        << setw(6)<<"性别"<< setw(15)<<"email"
        << setw(15)<<"家庭住址"<< setw(18)<<"电话号码"
        << setw(8)<<"分组"<< endl;
    while(p1)
            //从链表头结点开始输出链表的每一个的结点直到 p1 为 NULL 为止
    {
        p1 -> phoneRecord -> Display();
        p1 = p1 -> pNext;
    }
    cout << endl << endl;
    system("pause");
}
void CList::DeleteList()
{
    CNode *p1, *p2;             //定义指向 CNode 对象的指针变量 p1 和 p2
    p1 = pHead;                 //将 p1 赋值为头结点指针
    while(p1)
```

```
        {
            delete p1 -> phoneRecord;
            //释放结点的数据域 phoneRecord 所指向的存储单元
            p2 = p1;
            p1 = p1 -> pNext;
            delete p2;                  //释放 p2 所指向的存储单元
        }
}
void CList::UpdateRecord()
{
    CNode *p1;                      //定义指向 CNode 对象的指针变量 p1
    string name,sex,email,address,telnumber;
    int type;
    cout <<"输入您需要修改电话的姓名(输入 0 结束)";
    cin >> name;
    while(name!= "0")          //循环重复修改数据,直到姓名输入值为"0"为止
    {
        p1 = pHead;
        while(p1)          //查找要修改的结点
        {
            if(p1 -> GetData() -> GetName() == name)
                break;          //找到需要修改的结点,则退出循环
            p1 = p1 -> pNext;
        }
        if(p1)                      //p1 不为 NULL,即找到符合要求结点
        {
            cout <<"在电话簿中找到"<< name <<",内容是:"<< endl;
            p1 -> DisplayNode();            //显示记录修改前的信息
            cout <<"\n 请输入新的性别:";  cin >> sex;
            cout <<"\n 请输入新的邮箱:";  cin >> email;
            cout <<"\n 请输入新的住址:";     cin >> address;
            cout <<"\n 请输入新的电话号码:";  cin >> telnumber;
            cout <<"\n 输入新的分组类型 1.朋友,2.同学,3.家人,4.同事:";
            cin >> type;
              p1 -> GetData() -> SetRecord(name, sex, email, address,
              telnumber,type);
            cout <<"电话簿中"<< name <<",新的内容是:"<< endl;
            p1 -> DisplayNode();          //显示记录修改后的信息
        }
```

```
            else                                    //找不到结点
                cout <<"在电话簿中查找不到啊"<< name <<"."<< endl;
            cout <<"输入您需要查找的姓名(输入 0 结束)";
            cin >> name;
        }
        cout << endl << endl;
        system("pause");
}
void StoreFile(CList &PhoneList)                        //将数据写入到文件中
{
        ofstream outfile("TELEPHONEW.DAT",ios::out); //定义输出文件对象
        if(!outfile)                                    //文件打开错误
        {
            cout <<"数据文件打开错误,没有将数据存入文件!\n";
            return;
        }
        CNode *pnode;
        CPhoneRecord *pPhone;
        pnode = PhoneList.GetListHead();
                                    //将链表头结点指针赋值给指针变量 pnode
        while(pnode)
        {
            pPhone = (CPhoneRecord *)pnode -> GetData();
                                                    //获取结点的数据域指针
            outfile << endl;
            outfile<< pPhone -> GetName()<<"\t"<< pPhone -> GetSex()<<"\t";
            outfile << pPhone -> GetEmail()<<"\t"<< pPhone -> GetTelnumber()
            <<"\t";
            outfile << pPhone -> GetAddress()<<"\t"<< pPhone -> GetType();
            //将当前结点的数据信息写入到文件中
            pnode = PhoneList.GetListNextNode(pnode);    //获取下一个结点指针
        }
        outfile.close();                                    //关闭文件对象
}
void Operate(string &strChoice,CList &PhoneList)
{
        if(strChoice == "1")
            PhoneList.AddRecord();                      //增加通信录记录
        else if(strChoice == "2")
```

```
            PhoneList.DisplayList();                    //显示所有通信录记录
        else if(strChoice == "3")
            PhoneList.FindRecord();                     //查询通信录记录
        else if(strChoice == "4")
            PhoneList.FindRecordClass();                //查询通信录记录
        else if(strChoice == "5")
            PhoneList.DeleteRecord();                   //删除通信录记录
        else if(strChoice == "6")
            PhoneList.UpdateRecord();                   //修改通信录记录
        else if(strChoice == "0")
            StoreFile(PhoneList);                       //保存数据到文件中
        else
            cout <<"输入错误,请重新输入您的选择:";
    }
    void LoadFile(CList &PhoneList)
    {
        ifstream infile("TELEPHONEW.DAT",ios::in);      //定义输入文件对象
        if(!infile)                                     //文件打开错误
        {
            cout <<"没有数据文件!!!\n\n";
            return;
        }
        string name,email,sex,address,telphone;
        CNode *pNode;
        CPhoneRecord *pPhone;
        int type;
        while(!infile.eof())    //从文件中读数据,直到文件指针指向文件末尾为止
        {
            infile >> name >> sex >> email >> telphone >> address >> type;
            //从文件中读取数据给相应变量
            pPhone = new CPhoneRecord(name,sex,email,address,telphone,type);
            //利用相应的值创建 CPhoneRecord 对象
            pNode = new CNode;                          //创建新的 CNode 结点对象
            pNode -> SetPhoneData(pPhone);              //设置结点的数据域
            PhoneList.AddRecord(pNode);                 //将新结点插入到链表中
        }
        infile.close();                                 //关闭文件
    }
    int CPhoneRecord::s = 0;                            //设置静态成员变量 s 为 0
```

```
int main(void)
{
    CList PhoneList;                                  //定义链表对象 PhoneList
    system("cls");                                    //清屏
    cout <<"\t 欢迎进入电话簿数据系统\n";
    LoadFile(PhoneList);                              //从文件中加载数据,生成链表
    string strChoice;
    do
    {
        cout <<"\t1.添加电话簿记录\n";
        cout <<"\t2.显示电话簿记录\n";
        cout <<"\t3.根据姓名查询电话簿记录\n";
        cout <<"\t4.根据分组查询电话簿记录\n";
        cout <<"\t5.根据姓名删除电话簿记录\n";
        cout <<"\t6.根据姓名修改电话簿记录\n";
        cout <<"\t0.退出系统\n\n\n";
        cout <<"\n 请输入您的选择:";
         //显示菜单
        cin >> strChoice;                             //输入用户的选项
        Operate(strChoice,PhoneList);
                                                  //调用 Operate 函数处理用户的选择
    }while(strChoice!= "0");                          //输入"0",退出系统
    StoreFile(PhoneList);                             //保存数据到文件中
    cout <<"\n\n 欢迎再次使用电话簿数据系统\n\n";
    return 0;
}
```

6.3 学生选课系统

6.3.1 系统功能描述

设计一个简易的学生选课系统,能够完成课程信息的增加、删除和查找,学生信息的增加、删除和查找,学生选课,学生取消选课等操作,数据信息使用文件保存。要求系统具有菜单和提示功能,界面友好。

6.3.2 系统功能设计

学生选课系统涉及学生、课程、教师三个对象,学生和教师两种角色,为简化系统本系统对于教师只设计了一个管理员教师。学生具有查询本人信息,查询课程信息,选课和取消选课的等功能;教师具有课程信息的添加、删除、查询,学生信息的添加、删除和查询,选课、取

消选课等功能。现将选课功能细化,结构如图 6.9 所示

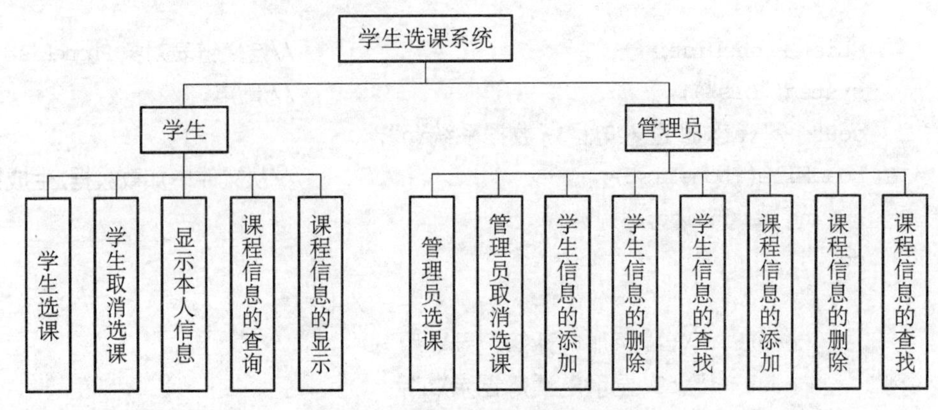

图 6.9 学生选课系统功能结构图

学生信息的添加:添加学生信息,按照学生的学号由小到大存放学生信息。

学生信息的删除:删除学生信息,根据学生的学号删除学生信息。

学生信息的查找:查询学生信息,根据学生的学号或姓名查询学生信息。

课程信息的添加:添加课程信息,按照课程的编号由小到大存放课程信息。

课程信息的删除:删除课程信息,按照课程的编号删除课程信息。

课程信息的查找:查找课程信息,根据课程的编号和课程名查询课程信息。

选课:选课可以由学生选,也可以由管理员进行选课。若想要成功选课,需要满足两个条件,第一个条件是该学生选修课程未满并且没有选修该门课程,第二个条件是该课程选修人数没有达到上限。当满足选课条件时,将课程名添加到学生已选课程中,将学生已选课程数加 1,将学生姓名添加到课程的已选学生中,将课程的已选学生人数加 1。

取消选课:取消选课可以由学生自己取消,也可以由管理员取消。操作和选课时相反,不作详细说明。

存储数据:将学生信息和课程信息以文件的形式进行存储。

载入数据:将学生信息和课程信息从文件中读出。

登录:具有学生和管理员两种角色。为简化系统,学生登录时以学号和姓名(作为密码)进行登录,管理员密码为“123456”。

6.3.3 系统实现的完整源代码以及注解

```
# include < iostream >
# include < string >
# include < fstream >
using namespace std;
class Course                              //定义课程类
{
private:
        int CourseId;                     //课程编号
```

```
        string CourseName;                    //课程名
        int StudentNumber;                    //已经选择该课程学生人数
        int AllNumber;                        //计划选该课程的学生总人数
        string SName[80];                     //已选该课程的学生姓名
        Course *next;
public:
        Course(){}
        Course(int,string,int,int,Course *);  //Course 的构造函数,完成初始化工作
        void SetNext(Course *p);              //设置该课程的下一课程
        Course * GetNext();                   //获取该课程的下一课程指针
        void ShowCourse();                    //显示课程的所有信息
        int GetId();                          //获取课程编号
        string GetName();                     //获取课程名称
        bool permit();                        //是否允许学生选课
        void SelectCourse(string);            //学生选课时课程对象的更改
        void CancelCourse(string);            //学生取消选课时课程对象的更改
        friend void SaveCourse(Course *p);
        //将存储课程文件函数 SaveCourse 作为该类的友元函数
        friend Course *  LoadCourse();
        //将读取课程文件函数 LoadCourse 作为该类的友元函数
};
Course::Course(int ci,string n,int an,int s,Course *p)
{
        CourseId=ci;
        CourseName=n;
        StudentNumber=s;
        AllNumber=an;
        next=p;
}
void Course::ShowCourse()                     //显示课程信息
{
        cout<<CourseId<<"\t"<<CourseName;
        cout<<"\t"<<AllNumber<<"\t\t"<<StudentNumber<<"\t\t";
        for(int i=0;i<StudentNumber;i++)   //显示已经选择该课程的学生姓名
        {
            cout<<"\t"<<SName[i];
        }
}
Course *  Course::GetNext()
```

```
{
    return next;                    //返回下一结点指针
}
void Course::SetNext(Course *p)
{
    next = p;                       //设置 next 域
}
int Course::GetId()
{
    return CourseId;                //获取课程的 ID
}
string Course::GetName()
{
    return CourseName;              //获取课程名
}
bool Course::permit()
{
    if(StudentNumber >= AllNumber)  //判断该课程是否可选
    {
        cout << CourseName <<"课程,选课人数已满!!!"<< endl;
        return false;               //不可选返回 false
    }
    else
        return true;                //可选返回 true
}
void Course::SelectCourse(string name)
{
    int i = 0;
    for(;i<StudentNumber;i ++)      //在选课学生里查找该学生,找到终止循环
{
    if(SName[i] == name)
        break;
}
if(i >= StudentNumber)              //学生 name 没有选择该课程,进行选课处理
{
    SName[i] = name;
    StudentNumber += 1;
    cout <<"你已经选择了"<< CourseName <<"课程."<< endl;
}
```

```
else                                    //学生 name 已经选择了该课程
     cout <<"不好意思,同学你已经选择"<< CourseName <<"课程,请不要重复选择
     哦!!! "<< endl;
}
void Course::CancelCourse(string name)
{
     for(int i = 0;i<StudentNumber;i ++ )
                                        //在选课学生里查找该学生,找到终止循环
          if(SName[i] == name)
               break;
     if(i >= StudentNumber)             //学生 name 没有选择该课程
          cout <<"不好意思,同学你没有选择"<< CourseName
               <<"课程,没办法取消选课哦!!!"<< endl;
     else                     //学生 name 已经选择了该课程,进行取消选课处理
     {
          for(;i<StudentNumber - 1;i ++ )
                                        //将该学生从该课程的选课学生里删除
               SName[i] = SName[i + 1];
          StudentNumber - = 1;                //将已选学生人数减 1
          cout <<"你已经取消了"<< CourseName <<"的课程选课"<< endl;
     }
}
class Student                                 //学生信息类
{
private:
     int StudentId;                           //学生学号
     string StudentName;                      //学生姓名
     int AllNumber;                           //可选课程数
     int CourseNumber;                        //已选课程数
     string CName[3];                         //已选课程名称
     Student *next;                           //指向下一个学生指针
public:
     Student(){}
     Student(int,string,int,int,Student *);   //初始化数据
     void SetNext(Student *);                 //设置指向下一学生的指针
     Student *GetNext();                      //获取指向下一学生的指针
     int GetSId();                            //获取学生学号
     string GetSName();                       //获取学生姓名
     bool permit();
```

```
    void SelectCourse(string);                  //学生选课时学生信息的更改
    void CancelCourse(string);                  //学生取消选课时学生信息的更改
    void ShowStudent();                         //显示学生信息
    friend void SaveStudent(Student *p);
                                    //存储学生文件函数作为该类的友元函数
    friend Student * LoadStudent();
                                    //加载学生文件函数作为该类的友元函数
};
Student::Student(int i,string n,int a,int b,Student *p)
{
    StudentId = i;
    StudentName = n;
    AllNumber = a;
    CourseNumber = b;
    next = NULL;
    cout << i << endl;
}
void Student::SetNext(Student *ps)
{
    next = ps;                                  //设置 next 域
}
Student * Student::GetNext()
{
    return next;                                //返回 next
}
int Student::GetSId()
{
    return StudentId;                           //返回学生学号
}
string Student::GetSName()
{
    return StudentName;                         //返回学生姓名
}
bool Student::permit()
{
    if(CourseNumber >= AllNumber)               //判断学生是否已经选满课程
    {
        cout <<"你的课程已经选满了,不要多选哦!!!"<< endl;
        return false;                           //允许选课返回 false
```

```
        }
        else
                return true;                        //不允许选课返回 true
}
void Student::SelectCourse(string n)
{
        for(int i = 0;i<CourseNumber;i ++ )
                                            //在学生已选课程里查找课程名为 n 的课程
                if(  CName[i] == n)
                        break;
        if(i<CourseNumber)                      //学生已经选择了该课程
                cout <<"同学,你已经选了课程"<< n <<",不可以重复选哦!!! "<< endl;
        else
                                            //学生没有选择该课程,进行学生选课处理
        {
                CName[CourseNumber] = n;        //将新课程加入该学生已选课程名
                CourseNumber + = 1;             //学生已选课程数加 1
        }
}
void Student::CancelCourse(string n)
{
        for(int i = 0;i<CourseNumber;i ++ )
                                            //在学生已选课程里查找课程名为 n 的课程
                if(  CName[i] == n)
                        break;
        if(i >= CourseNumber)                   //学生没有选择该课程
                cout <<"同学,你没有选择"<< n <<"课程,不可以取消哦!!!!! "<< endl;
        else
                                            //学生已经选择了该课程,进行取消选课处理
        {
                for(;i<CourseNumber - 1;i ++ )  //将课程从已选课程名中删除
                        CName[i] = CName[i + 1];
                CourseNumber - = 1;             //学生已选课程数减 1
                cout <<"你已经取消了"<< n <<"的课程选课. "<< endl;
        }
}
void Student::ShowStudent()                     //显示学生信息
{
        cout << StudentId <<"\t"<< StudentName;
```

```
        cout <<"\t"<< AllNumber <<"\t"<< CourseNumber;
        for(int i = 0;i<CourseNumber;i ++ )   //显示学生已经选择课程的课程名
        {
            cout <<"\t"<< CName[i];
        }
}
class ElectiveCourse                              //学生选课类
{
private:
        Course *pCourse;                          //指向课程链表的指针
        Student *pStudent;                        //指向学生链表的指针
public:
        ElectiveCourse(){pCourse = NULL;pStudent = NULL;}
        ElectiveCourse (Course * ,Student * );    //初始化数据
        void AddCourse();                         //增加课程
        void SubCourse();                         //删除课程
        void AddStudent();                        //增加学生
        void SubStudent();                        //删除学生
        void FindCourseId();                      //根据课程编号查询课程信息
        Course * FindCourseName(string);          //根据课程名称查询课程信息
        void FindCourseName();                    //根据课程名称查询课程信息
        void FindStudentId(int);                  //根据学生学号查询学生信息
        Student * FindStudentName(string);        //根据学生姓名查询学生信息
        void FindStudentName();                   //根据学生姓名查询学生信息
        bool FindStudent(int,string);
                                    //根据学生学号和姓名查询学生信息,用于密码验证
        void StSeCourse(string);                  //学生自己选课
        void MaSeCourse();                        //管理员帮学生选课
        void StCaCourse(string);                  //学生自己取消选课
        void MaCaCourse();                        //管理员帮学生取消选课
        void ShowCourse();                        //显示所有课程信息
        void ShowStudent();                       //显示所有学生信息
        Course * GetCourse();                     //返回课程链表的头指针
        Student * GetStudent();                   //返回学生链表的头指针
};
ElectiveCourse::ElectiveCourse (Course *pc,Student *ps)
                                                  //构造函数,初始化对象
{
        pCourse = pc;
```

```
        pStudent = ps;
}
void ElectiveCourse::AddCourse()                //增加课程
{
        Course *p1, *p2, *p3;
                                //定义指向 Course 类的对象的指针变量 p1、p2 和 p3
        p1 = pCourse;                           //将课程链表的头结点指针赋值给 p1
        int id;
        string name;
        int an;
        cout <<"\n 请输入课程编号:";
        cin >> id;
        cout <<"\n 请输入课程名称:";
        cin >> name;
        cout <<"\n 请输入该课程计划学生数(不要超过 80):";
        cin >> an;
        p3 = new Course(id,name,an,0,0);
                                        //创建 Course 对象并利用输入数据初始化
        if(pCourse == NULL)
                                        //链表为空,将新结点作为链表的头结点
        {
                pCourse = p3;
                cout <<"你已经成功的添加了"<< name <<"课程!!"<< endl;
                return;
        }
        while(p1&&p1 -> GetId()<id)
        //查找结点的课程号大于等于要插入结点课程号的第一个结点,
        //指针 p1 表示符合条件的结点的指针,指针 p2 是指针 p1 的前一个结点指针
        {
                p2 = p1;
                p1 = p1 -> GetNext();
        }
        if(p1 == pCourse)                       //插入位置为头结点前
        {
                p1 -> SetNext(pCourse);
                pCourse = p1;
        }
        else                                    //插入位置为链表的中间和链表尾部
        {
```

```
            p2 -> SetNext(p3);
            p3 -> SetNext(p1);
        }
        cout <<"你已经成功的添加了"<< name <<"课程!!"<< endl;
}
void ElectiveCourse::SubCourse()
{
        Course *p1, *p2;
                                          //定义指向 Course 类的对象的指针变量 p1 和 p2
        int id;
        cout <<"请输入需要删除的课程的编号:";
        cin >> id;
        cout << endl;
        p1 = pCourse;                              //将课程链表的头结点指针赋值给 p1
        if(pCourse == NULL)                        //链表为空
        {
            cout <<"表中没有任何课程,你不能删除课程!!!!!"<< endl;
            return;
        }
        while(p1&&p1 -> GetId()!= id)
        //查找结点的课程号等于要删除课程号的第一个结点,
        //指针 p1 表示符合条件的结点的指针,指针 p2 是指针 p1 的前一个结点指针
        {
            p2 = p1;
            p1 = p1 -> GetNext();
        }
        if(p1 == NULL)                             //没有找到符合要求的结点
        {
            cout <<"没有找到课程编号为"<< id <<"的课程,不可以删除课程!!!!"
            << endl;
        }
        else
        {
            if(p1 == pCourse)                      //删除的结点为头结点
            {
                pCourse = p1 -> GetNext();
                delete p1;                         //释放 p1 所指向的结点
            }
            Else                                   //删除的结点为非头结点
```

```
            {
                p2 -> SetNext(p1 -> GetNext());
                delete p1;
            }
        }
}
void ElectiveCourse::AddStudent()
{
    Student *p1, *p2, *p3;
                          //定义指向 Student 类的对象的指针变量 p1、p2 和 p3
    p1 = pStudent;                       //将学生链表的头结点指针赋值给 p1
    int id;
    string name;
    cout <<"\n 请输入学生学号:";
    cin >> id;
    cout <<"\n 请输入学生姓名:";
    cin >> name;
    p3 = new Student(id,name,3,0,0);      //创建新的 Student 对象,并初始化
    if(pStudent == NULL)                 //链表为空
    {
        pStudent = p3;
        cout <<"你已经成功的添加了"<< name <<"学生!!"<< endl;
        return;
    }
    while(p1&&p1 -> GetSId()<id)
    //查找结点的学号大于等于要插入结点学号的第一个结点,
    //指针 p1 表示符合条件的结点的指针,指针 p2 是指针 p1 的前一个结点指针
    {
        p2 = p1;
        p1 = p1 -> GetNext();
    }
    if(p1 == pStudent)                   //插入位置为头结点前
    {
        p1 -> SetNext(pStudent);
        pStudent = p1;
    }
    else                                 //插入位置为链表的中间和链表尾部
    {
        p2 -> SetNext(p3);
```

```
            p3 -> SetNext(p1);
        }
        cout <<"你已经成功的添加了"<< name <<"学生!!"<< endl;
}
void ElectiveCourse::SubStudent()
{
        Student *p1, *p2;
                                    //定义指向 Student 类的对象的指针变量 p1 和 p2
        int id;
        cout <<"请输入需要删除的学生的学号:";
        cin >> id;
        cout << endl;
        p1 = pStudent;                          //将学生链表的头结点指针赋值给 p1
        if(pStudent == NULL)                    //链表为空
        {
            cout <<"表中没有任何学生,你不能删除学生!!!!!"<< endl;
            return;
        }
        while(p1&&p1 -> GetSId()!= id)
        //查找结点的学号等于要删除学生学号的第一个结点,
        //指针 p1 表示符合条件的结点的指针,指针 p2 是指针 p1 的前一个结点指针
        {
            p2 = p1;
            p1 = p1 -> GetNext();
        }
        if(p1 == NULL)                          //没有找到学生
        {
            cout <<"没有找到学生学号为"<< id <<"的学号,不可以删除学生!!!!"
            << endl;
        }
        else
        {
            if(p1 == pStudent)                  //删除结点为头结点
            {
                pStudent = p1 -> GetNext();
                delete p1;                      //释放 p1 所指向的结点
            }
            Else                                //删除结点为非头结点
            {
```

```
                p2 -> SetNext(p1 -> GetNext());
                delete p1;
            }
        }
    }
void ElectiveCourse::FindCourseId()
{
    Course *p1;
                                        //定义指向 Course 类的对象的指针变量 p1
    int id;
    cout<<"请输入需要查找的课程的编号:";
    cin>> id;
    cout<< endl;
    p1 = pCourse;                           //将课程链表的头结点指针赋值给 p1
    while(p1&&p1 -> GetId()!= id)
    //查找结点的课程号等于要删除课程号的第一个结点,
    //指针 p1 表示符合条件的结点的指针,指针 p2 是指针 p1 的前一个结点指针
    {
        p1 = p1 -> GetNext();
    }
    if(p1 == NULL)                          //没有找到符合要求的结点
        cout<<"没有找到课程编号为"<< id<<"的课程."<< endl;
    else
        p1 -> ShowCourse();                 //找到显示结点信息
}
Course * ElectiveCourse::FindCourseName(string name)
{
    Course *p1;
                                        //定义指向 Course 类的对象的指针变量 p1
    p1 = pCourse;                           //将课程链表的头结点指针赋值给 p1
    while(p1&&p1 -> GetName()!= name)
    //查找结点的课程名称等于要删除课程名称的第一个结点,
    //指针 p1 表示正在查找结点的指针
    {
        p1 = p1 -> GetNext();
    }
    return p1;
}
void ElectiveCourse::FindCourseName()
```

```
{
    Course *p1;
                                        //定义指向 Course 类的对象的指针变量 p1
    string name;
    cout <<"请输入需要查找的课程的名称:";
    cin >> name;
    cout << endl;
    p1 = pCourse;                           //将课程链表的头结点指针赋值给 p1
    while(p1&&p1 -> GetName()!= name)
    //在链表中查找结点的课程名称等于要删除课程名称的第一个结点,
    //指针 p1 表示正在查找结点的指针
    {
        p1 = p1 -> GetNext();
    }
    if(p1 == NULL)                          //没有找到符合要求的结点
        cout <<"没有找到课程名为"<< name <<"的课程."<< endl;
    else
        p1 -> ShowCourse();                 //找到并显示结点信息
}
void ElectiveCourse::FindStudentId(int id)
{
    Student *p1;
                                        //定义指向 Student 类的对象的指针变量 p1
    p1 = pStudent;                          //将学生链表的头结点指针赋值给 p1
    while(p1&&p1 -> GetSId()!= id)
    //在链表中查找结点的学号等于要删除学生学号的第一个结点,
    //指针 p1 表示正在查找的结点指针
    {
        p1 = p1 -> GetNext();
    }
    if(p1 == NULL)                          //没有找到学生
        cout <<"没有找到学生学号为"<< id <<"的课程!!!!"<< endl;
    else
        p1 -> ShowStudent();                //找到结点,并显示结点信息
}
Student * ElectiveCourse::FindStudentName(string name)
{
    Student *p1;
                                        //定义指向 Student 类的对象的指针变量 p1
```

```
    p1 = pStudent;                          //将学生链表的头结点指针赋值给 p1
    while(p1&&p1 -> GetSName()!= name)
    //在链表中查找结点的学生姓名等于要删除学生姓名的第一个结点,
    //指针 p1 表示正在查找的结点的指针
    {
        p1 = p1 -> GetNext();
    }
    return p1;                              //返回找到的结点指针
}
bool ElectiveCourse::FindStudent(int id,string name)
//根据学号和姓名查找学生信息,用于学生用户登陆
{
    Student *p1;
    p1 = pStudent;
    while(p1)
    {
        if(p1 -> GetSId() == id&&p1 -> GetSName() == name)
            break;
        p1 = p1 -> GetNext();
    }
    if(p1)
        return true;
    else
        return false;
}
void ElectiveCourse::FindStudentName()
{
    Student *p1;
    string name;
    cout <<"请输入需要查找的学生的姓名:";
    cin >> name;
    cout << endl;
    p1 = pStudent;
    while(p1&&p1 -> GetSName()!= name)
    {
        p1 = p1 -> GetNext();
    }
    if(p1 == NULL)
        cout <<"没有找到学生姓名为"<< name <<"的学生!!!!"<< endl;
```

```
        else
        p1 -> ShowStudent();
}
void ElectiveCourse::MaSeCourse()                    //管理员帮学生选课
{
        string sname,cname;
        cout <<"\n 请输入选课学生姓名:";
        cin >> sname;
        Student *p = FindStudentName(sname);        //查找学生姓名为 sname 的学生
        cout <<"\n 请输入学生选择课程名:";
        cin >> cname;
        Course *pc = FindCourseName(cname);        //查找课程名为 cname 的课程
        if(p == NULL)                                //学生不存在
        {
                cout <<"该学生不存在!!!";
                return;
        }
        if(pc == NULL)                               //课程不存在
        {
                cout <<"该课程不存在";
                return;
        }
        if(p -> permit()&&pc -> permit())  //允许选课
        {
                pc -> SelectCourse(sname);   //选课时处理课程信息的更改
                p -> SelectCourse(cname);    //选课时处理学生信息的更改
        }
}
void ElectiveCourse::StSeCourse(string sname)          //学生登录自己选课
{
        string cname;
        cout <<"\n 请输入学生选择课程名:";
        cin >> cname;
        Student *p = FindStudentName(sname);
                                                  //查找学生姓名为 sname 的学生
        Course *pc = FindCourseName(cname);      //查找课程名为 cname 的课程
        if(pc == NULL)                                 //课程不存在
        {
                cout <<"该课程不存在";
```

```
            return;
        }
        if(p -> permit()&&pc -> permit())  //允许选课
        {
            pc -> SelectCourse(sname);     //选课时处理课程信息的更改
            p -> SelectCourse(cname);      //选课时处理学生信息的更改
        }
}
void ElectiveCourse::StCaCourse(string sname)      //学生登录,取消选课
{
        string cname;
        cout <<"\n 请输入学生选择课程名:";
        cin >> cname;
        Student *p = FindStudentName(sname);
                                              //查找学生姓名为 sname 的学生
        Course  *pc = FindCourseName(cname);        //查找课程名为 cname 的课程
        if(pc == NULL)                     //课程不存在
        {
            cout <<"该课程不存在";
            return;
        }
        p -> CancelCourse(cname);          //取消选课时处理学生信息的更改
        pc -> CancelCourse(sname);         //取消选课时处理课程信息的更改
}
void ElectiveCourse::MaCaCourse()          //管理员登录,帮学生取消选课
{
        string sname,cname;
        cout <<"\n 请输入选课学生姓名:";
        cin >> sname;
        Student *p = FindStudentName(sname);
                                              //查找学生姓名为 sname 的学生
        cout <<"\n 请输入学生选择课程名:";
        cin >> cname;
        Course  *pc = FindCourseName(cname);        //查找课程名为 cname 的课程
        if(p == NULL)                      //学生不存在
        {
            cout <<"该学生不存在!!!";
            return;
        }
```

```
        if(pc == NULL)                            //课程不存在
        {
            cout <<"该课程不存在";
            return;
        }
        p -> CancelCourse(cname);                 //取消选课时处理学生信息的更改
        pc -> CancelCourse(sname);                //取消选课时处理课程信息的更改
}
Course * ElectiveCourse::GetCourse()
{
        return pCourse;                           //获取课程链表的头结点指针
}
Student * ElectiveCourse::GetStudent()
{
        return pStudent;                          //获取学生链表的头结点指针
}
void ElectiveCourse::ShowCourse()
{
        Course *p = pCourse;                      //指向课程链表的指针
        cout <<"课程号"<< '\t' <<"课程名"<< '\t'
            <<"计划人数"<< '\t' <<"实际人数"<< '\t' <<"已选学生姓名";
        while(p)
        {
            cout << endl;
            p -> ShowCourse();                    //显示结点信息
            p = p -> GetNext();                   //将p指针移到下一结点
        }
}
void ElectiveCourse::ShowStudent()                //显示所有学生的选课信息
{
        Student *p = pStudent;
        cout <<"学号"<<"\t姓名"<<"\t计划课程数"<<"\t已选课程数"<<"\t已课程名";
        while(p)
        {   cout << endl;
            p -> ShowStudent();
            p = p -> GetNext();
            cout << endl;
        }
}
```

```
void SaveCourse(Course *p)                    //存储课程数据到文件
{
    ofstream ofile;                           //定义输出文件对象
    ofile.open("Course.dat",ios::out);
    //以写的方式打开文件 Course.dat,若该文件不存在,则创建 Course.dat 文件
    if(!ofile)                                //文件打开错误
    {
        cout <<"\n 数据文件打开错误!\n";
        return;
    }
    Course *t;
    while(p)
    {
        ofile << endl;
        ofile << p -> CourseId <<"\t"<< p -> CourseName <<"\t"<< p -> AllNumber
            <<"\t"<< p -> StudentNumber;
        for(int i = 0;i<p -> StudentNumber;i ++ )
            ofile <<"\t"<< p -> SName[i];
        //将当前结点的数据信息写入到文件中
        t = p;p = p -> next;
        delete t;                             //删除指针 t 所指向的结点
    }
    ofile.close();                            //关闭文件对象
}
Course *  LoadCourse()                        //加载课程文件
{
    ifstream ifile;                           //定义输入文件对象
    ifile.open("Course.dat",ios::in);         //以读的方式打开文件 Course.dat
    Course *p, *q, *h = NULL;
    if(!ifile)                                //文件打开错误
    {
        cout <<"\n 数据文件不存在,加载不成功!\n";
        return NULL;
    }
    while(!ifile.eof())
    {
        p = new Course;                       //创建新的 Course 对象
        ifile >> p -> CourseId >> p -> CourseName >> p -> AllNumber >> p
        -> StudentNumber;
```

```
            for(int i=0;i<p->StudentNumber;i++)
                ifile>>p->SName[i];
            //将数据从文件中读取到新的结点中
            p->next=NULL;
            if(h==NULL)
                q=h=p;
            else
            {
                q->next=p;
                q=p;
            }                                   //创建链表
        }
        ifile.close();                          //关闭文件对象
        return h;
    }
    void SaveStudent(Student *p)                //存储学生数据到文件
    {
        ofstream ofile;
        ofile.open("Student.dat",ios::out);
        if(!ofile)
        {
            cout<<"\n数据文件打开错误!\n";
            return;
        }
        Student *t;
        while(p)
        {   ofile<<endl;
    ofile<<p->StudentId<<"\t"<<p->StudentName<<"\t"<<p->AllNumber
<<"\t"<<p->CourseNumber;
            for(int i=0;i<p->CourseNumber;i++)
                    ofile<<"\t"<<p->CName[i];
            t=p;p=p->next;
            delete t;
        }
        ofile.close();
    }
    Student * LoadStudent()                     //加载学生文件
    {
        ifstream ifile;
```

```
	ifile.open("Student.dat",ios::in);
	Student *p, * q, * h = NULL;
	if(!ifile)
	{
		cout <<"\n 数据文件不存在,加载不成功!\n";
		return NULL;
	}
	while(!ifile.eof())
	{
		p = new Student;
		ifile >> p -> StudentId >> p -> StudentName >> p -> AllNumber
		>> p -> CourseNumber;
		for(int i = 0;i<p -> CourseNumber;i ++ )
			ifile >> p -> CName[i];
		p -> next = NULL;
		if(h == NULL)
			q = h = p;
		else
		{
			q -> next = p;
			q = p;
		}
	}
	ifile.close();
	return h;
}
class Menu                                    //菜单的基类
{
public:
	Menu(){};
	void Show(){};                        //显示菜单
	char Get();                           //选择菜单
};
char Menu::Get()
{
	char ch;
	cin >> ch;
	return ch;
}
```

```
class SystemMenu:public Menu                    //系统菜单类
{
public:
    SystemMenu(){}
    void Show();                                //显示系统菜单
};
void SystemMenu::Show()
{
    cout <<"\n 功能菜单:"<< endl;
    cout <<"##############################\n";
    cout <<"\t1.管理员登录(A/a)"<< endl;
    cout <<"\t2.学生登录(S/s)"<< endl;
    cout <<"\t3.退出系统(Q/q)"<< endl;
    cout <<"##############################\n";
    cout <<"请输入选择的菜单:";
}
class AdMenu : public Menu                      //管理员菜单类
{
public:
    AdMenu(){}
    void Show();                                //显示管理员菜单
};
void AdMenu::Show()
{
    cout <<"\n 功能菜单:"<< endl;
    cout <<" *******************************\n";
    cout <<"\t1.选课(1)"<< endl;
    cout <<"\t2.取消选课(2)"<< endl;
    cout <<"\t3.学生信息操作(3)"<< endl;
    cout <<"\t4.课程信息操作(4)"<< endl;
    cout <<"\t5.退出菜单(5)"<< endl;
    cout <<" *******************************\n";
    cout <<"请输入选择的菜单:";
}
class StuMenu :public Menu //学生菜单类
{
public:
    StuMenu(){}
    void Show();                                //显示学生菜单
```

```
};
void StuMenu::Show()
{
        cout <<"\n 功能菜单:"<< endl;
        cout <<"@@@@@@@@@@@@@@@@@@@@@@@@@@@@@@\n";
        cout <<"\t1.选课(1)"<< endl;
        cout <<"\t2.取消选课(2)"<< endl;
        cout <<"\t3.显示本人信息(3)"<< endl;
        cout <<"\t4.根据课程号查询课程(3)"<< endl;
        cout <<"\t5.根据课程名查询课程(5)"<< endl;
        cout <<"\t6.显示所有课程信息(6)"<< endl;
        cout <<"\t7.退出菜单(7)"<< endl;
        cout <<"@@@@@@@@@@@@@@@@@@@@@@@@@@@@@@\n";
        cout <<"请输入选择的菜单:";
}
class AdsMenu:public Menu                        //管理员里学生操作菜单
{
public:
        AdsMenu(){};
        void Show();
};
void AdsMenu::Show()
{
        cout <<"\n 功能菜单:"<< endl;
        cout <<"~~~~~~~~~~~~~~~~~~~~~~~~~~~~~~\n";
        cout <<"\t1.增加学生(1)"<< endl;
        cout <<"\t2.删除学生(2)"<< endl;
        cout <<"\t3.根据学号查询学生信息(3)"<< endl;
        cout <<"\t4.根据姓名查询学生信息(4)"<< endl;
        cout <<"\t5.显示所有学生信息(5)"<< endl;
        cout <<"\t6.退出菜单(6)"<< endl;
        cout <<"~~~~~~~~~~~~~~~~~~~~~~~~~~~~~~\n";
        cout <<"请输入选择的菜单:";
}
class AdcMenu:public Menu                        //管理员里课程操作菜单
{
public:
        AdcMenu(){};
        void Show();
```

```
};
void AdcMenu::Show()
{
    cout <<"\n 功能菜单:"<< endl;
    cout <<"~~~~~~~~~~~~~~~~~~~~~~~~~~~~~~~~~~~~~~\n";
    cout <<"\t1. 增加课程(1)"<< endl;
    cout <<"\t2. 删除课程(2)"<< endl;
    cout <<"\t3. 根据课程编号查询课程信息(3)"<< endl;
    cout <<"\t4. 根据课程名称查询课程信息(4)"<< endl;
    cout <<"\t5. 显示所有课程信息(5)"<< endl;
    cout <<"\t6. 退出菜单(6)"<< endl;
    cout <<"~~~~~~~~~~~~~~~~~~~~~~~~~~~~~~~~~~~~~~\n";
    cout <<"请输入选择的菜单:";
}
void CourseMain()                           //菜单选择操作
{
    Course *pc = LoadCourse();              //加载课程文件信息
    Student *ps = LoadStudent();            //加载学生文件信息
    ElectiveCourse mg(pc,ps);               //建立学生选课类对象
    char ch;
    SystemMenu smenu;
    AdMenu amenu;
    StuMenu stmenu;
    AdcMenu adcmenu;
    AdsMenu adsmenu;
    string password;
    //定义各菜单对象
    while(1)
    {
        smenu.Show();                       //显示菜单
        ch = smenu.Get();                   //选择菜单
        if(ch == 'A'||ch == 'a')            //选择管理员登录
        {
            cout <<"请输入管理员的密码:";
            cin >> password;
            if(password!= "123456")         //管理员密码不正确
            {
                cout <<"密码不正确,请重新选择功能!!!";
            }
```

```
else                                    //管理员密码正确
{
    while(1)
    {
        amenu.Show();                   //显示管理员菜单
        char ch2 = amenu.Get();         //选择管理员菜单
        if(ch2 == '5')  break;          //退出管理员管理功能
        switch(ch2)
        {
        case '1':mg.MaSeCourse();break;    //管理员选课
        case '2':mg.MaCaCourse();break;    //管理员取消选课
        case '3':   while(1)
                    {
                       adsmenu.Show();
                                       //显示学生操作菜单
                       char c1 = adsmenu.Get();
                                       //学生操作菜单选择
                       if(c1 == '6') break;
                                       //退出学生操作菜单
                       switch(c1)
                       {
                       case '1':   mg.AddStudent();break;
                                               //增加学生
                       case '2':   mg.SubStudent();break;
                             //删除学生
                       case '3':   int id;
                       cout <<"请输入需要查找的学生的学号:";
                             cin >> id;
                             cout << endl;
                             mg.FindStudentId(id);
                             break;
                              //根据学号查找学生
                       case '4':   mg.FindStudentName();break;
                             //根据姓名查找学生
                       case '5':   mg.ShowStudent();break;
                             //显示所有学生信息
                   default:   cout <<"\n输入错误,请重新输入:";
                       }
                }
```

```
                    break;
            case '4':  while(1)
                    {
                        adcmenu.Show();          //显示课程操作菜单
                        char c2 = adcmenu.Get();
                                                 //课程操作菜单选择
                        if(c2 == '6') break;
                                                 //退出课程操作菜单
                        switch(c2)
                        {
                        case '1':  mg.AddCourse();break;
                                                        //增加课程
                        case '2':  mg.SubCourse();break;
                                                        //删除课程
                        case '3':  mg.FindCourseId();break;
                                                 //根据课程号查找课程
                        case '4':  mg.FindCourseName();break;
                                                 //根据课程名查找课程
                        case '5':  mg.ShowCourse();break;
                                                 //显示所有课程信息
                    default:  cout <<"\n 输入错误,请重新输入:";
                        }
                    }
                    break;
            default:  cout <<"\n 输入错误,请重新输入:";
            }
        }
    }
}else
if(ch == 'S'||ch == 's')                         //学生用户登录
{
    //用学生的姓名作为密码
    int num;
    string pa;
    cout <<"请输入学生学号和密码:";
    cin >> num >> pa;
    if(mg.FindStudent(num,pa))                   //学生登录成功
    {
        while(1)
```

```
                {
                    stmenu.Show();          //显示学生菜单
                    char ch3 = stmenu.Get();//学生菜单的选择
                    if(ch3 == '7')  break;  //退出学生菜单
                    switch(ch3)
                    {
                    case '1':  mg.StSeCourse(pa);break;    //学生选课
                    case '2':  mg.StCaCourse(pa);break;
                                                        //学生取消选课
                    case '3':  mg.FindStudentId(num);break;
                                                        //根据学号查找学生
                    case '4':  mg.FindCourseId();break;
                                                        //根据课程号查找课程
                    case '5':  mg.FindCourseName();break;
                                                        //根据课程名查找课程
                    case '6':  mg.ShowCourse();break;
                                                        //显示所有课程信息
                    default:  cout <<"输入错误,请重新输入!!";
                    }
                }
            }
            else
                cout <<"学号或密码不正确,请重新选择操作!!!"<< endl;
        }else
        if(ch == 'Q'||ch == 'q')                    //退出系统
        {
            cout <<"谢谢使用学生选课系统,欢迎再次使用!!!\n";
            break;
        }
        else
            cout <<"输入错误,请重新输入!!!";
    }
    SaveStudent(mg.GetStudent());                   //存储学生信息
    SaveCourse(mg.GetCourse());                     //存储课程信息
}
int main()
{
    system("cls");                                  //清屏
    cout <<"\n\t\t 欢迎进入学生选课系统!";
```

```
    CourseMain();                           //调用 CourseMain 函数,完成选课
    return 0;
}
```

参考文献

[1] 谭浩强.C++面向对象程序设计[M].第2版.北京:清华大学出版社,2014.
[2] 谭浩强.C++程序设计[M].第2版.北京:清华大学出版社,2012.
[3] 谭浩强.C程序设计[M].第4版.北京:清华大学出版社,2010.
[4] 郑莉.C++程序设计基础教程[M].第4版.北京:清华大学出版社,2010.
[5] 宋春花,吕进来.C++程序设计[M].第2版.北京:人民邮电出版社,2017.
[6] 教育部考试中心.二级C++语言程序设计教程.北京:高等教育出版社,2018.